国家住宅与居住环境工程技术研究中心　发布
CHINA NATIONAL ENGINEERING RESEARCH CENTER
FOR HUMAN SETTLEMENTS

Rural Complex
Architectural
Design and
Construction
Technology

田园综合体建筑设计与建造技术

主　编　张　蔚　胡英娜

副主编　段　猛　宋子琪　郑　婕

U0283575

中国建材工业出版社
北　京

图书在版编目（CIP）数据

田园综合体建筑设计与建造技术 / 张蔚，胡英娜主
编 . -- 北京：中国建材工业出版社，2024.8
ISBN 978-7-5160-3685-3

Ⅰ．①田… Ⅱ．①张…②胡… Ⅲ．①农村住宅－建
筑设计 ②农村住宅－建筑施工 Ⅳ．① TU241.4

中国国家版本馆 CIP 数据核字（2023）第 005689 号

田园综合体建筑设计与建造技术

TIANYUAN ZONGHETI JIANZHU SHEJI YU JIANZAO JISHU

主　编　张　蔚　胡英娜

副主编　段　猛　宋子琪　郑　婕

出版发行　中国建材工业出版社
地　　　址　北京市西城区白纸坊东街 2 号院 6 号楼
邮政编码　100054
经　　销　全国各地新华书店
印　　刷　北京印刷集团有限责任公司
开　　本　787mm×1092mm　1/16
印　　张　13.75
字　　数　220 千字
版　　次　2024 年 8 月第 1 版
印　　次　2024 年 8 月第 1 次
定　　价　98.00 元

本社网址：**www.jccbs.com**，微信公众号：**zgjcgycbs**
请选用正版图书，采购、销售盗版图书属违法行为
版权专有，盗版必究。本社法律顾问：北京天驰君泰律师事务所，张杰律师
举报信箱：**zhangjie@tiantailaw.com**　举报电话：（010）63567684
本书如有印装质量问题，由我社事业发展中心负责调换，联系电话：（010）63567692

序 言
PREFACE

田园综合体是一种新型的乡村综合发展模式，不仅承载着现代农业与农村社区生活的功能，也融合了生态旅游、民俗体验、文化创意等多元要素，成为推进农业农村现代化发展的重要力量。国家住宅与居住环境工程技术研究中心作为国内人居环境与乡村振兴领域科技攻关的主要承担单位，多年来针对田园综合体开展了大量调查与研究工作。《田园综合体建筑设计与建造技术》是"十三五"国家重点研发计划课题"绿色田园建筑设计建造技术集成与示范"研究成果的总结。

本书共分为五章，有三个值得肯定的特点：一是基础信息详实，通过对赣豫鄂湘四省的深入调查，充分了解乡村产业配套、旅游发展、农房建设方面的问题与需求，为后续研究与实践提供可靠的依据；二是聚焦现实需求，书中所提出的关键技术问题都是建筑师与管理人员在实际工作中遇到的现实问题，针对目前现代农业配套设施支撑不足的现状，提出田园农业配套建筑设计指标，明确田园综合体配套建筑的功能配置、建设指标与具体要求；三是可操作性强，针对目前乡村建筑功能不合理、结构整体性差、物理性能不足、缺乏地域特色、建造技术有待提高的问题，在空间布局、建筑本体、设备系统、传统文脉与装配式五方面，给出具体且适宜的技术清单，可为规划建筑技术人员和相关读者提供直接参考。书中所强调的田园综合体与生态本底的和谐共生，当地文化特色与未来技术的融合发展，是对田园综合体未来发展的展望，可为引导田园综合体的健康发展提供探索的路径。

本书以赣豫鄂湘四省为例，对田园综合体概念、建设情况、发展模式、配套建筑类型、配套建筑设计指标和建造技术进行研究，反映了我国田园综合体研究与实践中普遍关注的主要问题与现实需求，可为全国其他地区参与田园综合体建设的设计建造、建设管理领域的从业人员以及相关读者提供较为全面、系统的参考和借鉴。

　　愿本书能够成为连接过去与未来、传统与现代、城市与乡村的桥梁，也希望研究团队继续扎根乡土，为实现人类与自然的和谐共生作出新的贡献。

天津大学建筑学院教授

建筑文化遗产传承信息技术文化和旅游部重点实验室（天津大学）主任

张玉坤

2024 年 7 月

前　言

FOREWORD

　　田园综合体是针对有产业基础、有资源特色、有发展条件的一定范围内的一个或数个自然村落，将其生产、生活、生态同步发展（"三生"同步），一、二、三产业相互融合（"三产"融合），农业、文化、旅游一体化发展（"三位"一体）的乡村综合发展模式。田园综合体是国家实现乡村现代化和新型城镇化联动发展的一种创新模式，也是我国未来乡村建设发展的方向。

　　为推动我国村镇领域技术创新，加快推进农业农村现代化，2019年科技部启动实施"绿色宜居村镇技术创新"重点专项，发布"十三五"国家重点研发计划"赣豫鄂湘田园综合体宜居村镇综合示范"（2019YFD1101300）项目。该项目是以华中赣豫鄂湘四省田园综合体为研究主体，围绕生态环境、现代农业、休闲旅游、田园社区四个领域开展规划设计、建设实施、运营管理全过程的技术集成研究。本书为国家重点研发计划资助项目（2019YFD1101300），内容出自课题"绿色田园建筑设计建造技术集成与示范"（2019YFD1101302）的研究成果。

　　赣豫鄂湘四省地处我国中部地区，自然文化资源丰富，均为农业大省，具有良好的农业发展基础。通过对四省乡村建筑进行调研，本书围绕乡村发展中的建筑问题和发展需求，依据田园综合体的发展模式进行各类建筑空间关联模式研究，从农业配套、田园住宅不同系统提出适用于赣豫鄂湘地区的田园综合体设计指标、建设指南及评价体系，并从建筑性能提升、建筑风貌传承、产业化建造等方面提出建造技术指南。

　　本书旨在提炼、集成适应赣豫鄂湘地区发展特征的田园综合体建筑设计及建造技术，围绕"三生"系统，提升田园综合体村镇建设模式的自生性、适应性和可持续性，有效解决当前田园综合体建设过程中面临的诸多问题与矛盾；

同时为全国的田园综合体建设提供技术支持，实现产业配套、居住体验、建造技术等方面的综合性能提升。

特别感谢湖南大学徐峰教授、周晋教授团队，武汉大学胡将军教授团队，中国环境科学研究院郑明霞研究员团队，以及湖南工业大学周跃云教授团队对本书编写的大力支持。因编写时间仓促，编者水平有限，书中表述难免有不严谨之处，望请读者批评指正。

中国建筑设计研究院有限公司

国家住宅与居住环境工程技术研究中心城乡社区与住宅研究所所长

张蓓

2024 年 3 月

目　录

CONTENTS

1 华中地区田园综合体研究概况

1.1 田园综合体研究背景

中共中央对农村建设极为重视，出台了大量政策和指导性文件，根本目的在于改善农村人居环境，推动城乡协同发展，形成"三生融合"的高质量发展态势。2017年，中央"一号文件"提出了"田园综合体"的概念，其出发点是在有一定资源条件的城乡接合部，以企业和地方合作的形式，整合分散资源，统一开发、综合利用，使各产业间相互促进，发挥系统优势。田园综合体在建设定位上突出绿色发展、乡土文化；建设内容上重点推进一、二、三产业融合与"三生"同步发展；实施路径上充分发挥政府和市场机制作用，完善体制机制，重点强调城乡融合与乡村产业融合。

从早期的观光农业，到现在的休闲农业综合体、农业旅游综合体，再到以人为本的理想发展模式，田园综合体立足于"三生融合"理念，是顺应农业供给侧结构性改革提出的具有中国特色的农村发展模式。同时田园综合体形成于生态农业和旅游综合体概念的基础上，是国家实现乡村现代化和新型城镇化联动发展的一种创新，也是我国未来乡村建设发展的方向。

本书以华中地区赣豫鄂湘四省田园综合体为研究对象。四省自然文化资源丰富，具有良好的农业基础，但农村发展均不同程度地存在产业链条不全、农业配套设施支撑不足、传统民居保护修缮缺乏管理、乡村建筑功能不合理、建筑能耗大、舒适性差、建造质量参差不齐等问题。针对华中地区四省不同的自然环境、资源禀赋与产业现状，以满足不同需求为导向，以生态环境改善为前提，以现代农业发展为基础，以休闲旅游提升为特色，以田园社区为目标，开展田园综合体建筑设计及建造技术研究，并加以应用示范。针对农业配套、宜居住宅不同系统提出适用于赣豫鄂湘四省地区的田园综合体设计与建造技术，有效解决上述多个方面的农村建筑建设问题，实现产业配套、居住体验等方面的综合性能提升。

1.2 华中四省田园建筑调研

本书在赣豫鄂湘四省选取了多个村镇开展基础调研工作，通过问卷和走访的形式深入了解四省农村房屋基本状况、建筑材料与构造、建筑室内环境等多个方面存在的问题和发展需求，对此提出适宜的建筑设计及建造技术指南。

1.2.1 调研地点

湖南省主要针对湘北、湘东、湘西、湘南不同区位的11个城郊融合型乡村展开调查，包括燎原村、蛟龙社区、韶山村、芦塘村、五郎溪村、小渔溪村、白溪坪村、麻缨塘村、韩田村、沙洲村、秀水村。

河南省调研地点主要是河南省焦作市修武县云台山镇一斗水村、七贤镇回头山村、边庄、宰湾村，平顶山市郏县冢头镇李渡口村，信阳市光山县泼陂河镇黄涂湾村，罗山县灵山镇董桥村。调研地点涉及焦作市、平顶山市和信阳市，三处调研地区具有一定的代表性，分别体现豫北、豫中、豫南地区的基本情况。

江西省调研地点选择了豆田村、蔺坊村、天井村、圳上村、回龙村、陂下村、虹关村、流坑村、梅岭村、上贯陇村、易家河村。

湖北省主要针对荆州市、武汉市、赤壁市、随州市不同区位的8个城郊融合型乡村展开调查，包括金鸡村、皇屯村、铜岭村、童桥村、西湾村、李家店村、龚店村、凤凰山村。

1.2.2 调研分析

1. 湖南省

（1）住户房屋基本情况

受访村民的房屋大多建成年代较早，多为2000年以前建成的房屋

（图 1-1）。大多数村落住宅朝向依据地形地势确定，沙洲村以东西方向为主要朝向，芦塘村和韩田村以南北方向为主要朝向（图 1-2）。

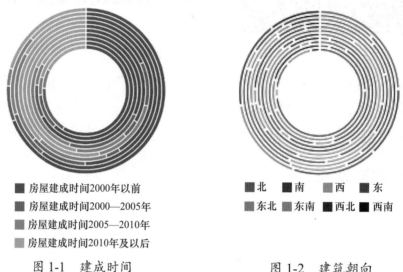

图 1-1　建成时间

图 1-1 图例：
■ 房屋建成时间2000年以前
■ 房屋建成时间2000—2005年
■ 房屋建成时间2005—2010年
■ 房屋建成时间2010年及以后

图 1-2　建筑朝向

图 1-2 图例：
■ 北　■ 南　■ 西　■ 东
■ 东北　■ 东南　■ 西北　■ 西南

湘西地区的村落住宅以一层为主，其他村落以二层至三层为主；湘南地区韩田村和秀水村出现了四层及以上的住宅（图 1-3）。住宅面积多数在 $100 \sim 200 \mathrm{m}^2$ 范围内，韩田村、芦塘村、白溪坪村出现了 $500 \mathrm{m}^2$ 以上的住宅（图 1-4）。

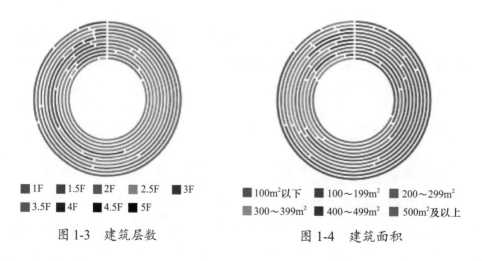

图 1-3　建筑层数

图 1-3 图例：
■ 1F　■ 1.5F　■ 2F　■ 2.5F　■ 3F
■ 3.5F　■ 4F　■ 4.5F　■ 5F

图 1-4　建筑面积

图 1-4 图例：
■ 100m² 以下　■ 100～199m²　■ 200～299m²
■ 300～399m²　■ 400～499m²　■ 500m² 及以上

卧室数量以 3 ~ 6 间为主，其中 4 间为最多（图 1-5）。客厅 / 堂屋数量主要为 1 ~ 2 间（图 1-6）。厨房数量以 1 间居多（图 1-7）。餐厅数量大多数为 1 间，存在客餐厅一体的形式（图 1-8）。卫生间数量大多数为 0 ~ 1 间（图 1-9）。储藏室数量以 1 ~ 2 间为主（图 1-10）。绝大多数住宅没有对外设置商业、服务用房，1 ~ 2 间的商业、服务用房主要功能为小卖部、麻将馆，3 间的商业、服务用房主要功能为饭馆，多于 10 间的商业、服务用房主要功能为民宿客房（图 1-11）。

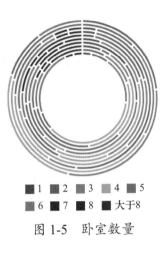

■ 1 ■ 2 ■ 3 ■ 4 ■ 5
■ 6 ■ 7 ■ 8 ■ 大于8

图 1-5　卧室数量

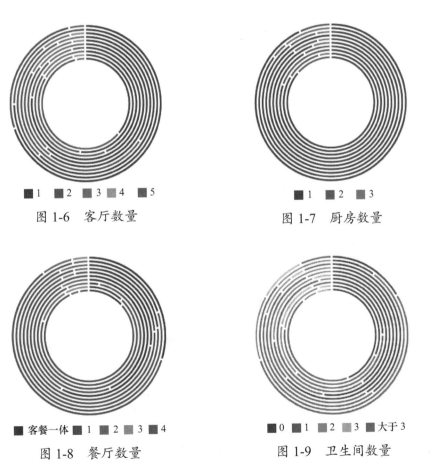

■ 1 ■ 2 ■ 3 ■ 4 ■ 5

图 1-6　客厅数量

■ 1 ■ 2 ■ 3

图 1-7　厨房数量

■ 客餐一体 ■ 1 ■ 2 ■ 3 ■ 4

图 1-8　餐厅数量

■ 0 ■ 1 ■ 2 ■ 3 ■ 大于3

图 1-9　卫生间数量

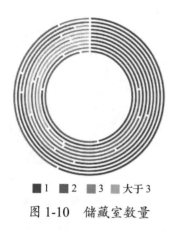

■1 ■2 ■3 ■大于3

图 1-10　储藏室数量

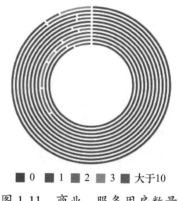

■0 ■1 ■2 ■3 ■大于10

图 1-11　商业、服务用房数量

大多数村落住宅为独立式住宅，蛟龙村、韶山村、韩田村、沙洲村出现了少量联排的形式，蛟龙、韶山、芦塘、韩田、秀水村也出现了少量双拼住宅（图 1-12）。村落住宅以混凝土结构、砌体结构、木结构、砖木混合结构为主要结构，其中麻缨塘村、五郎溪村、小渔溪村住宅以木结构为主要形式（图1-13）。

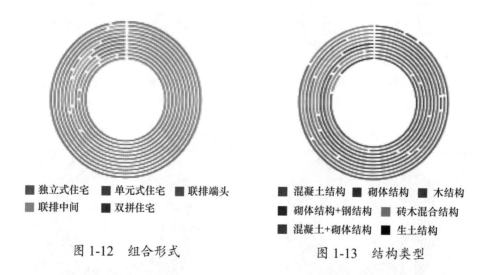

■独立式住宅　■单元式住宅　■联排端头
■联排中间　　■双拼住宅

图 1-12　组合形式

■混凝土结构　■砌体结构　　■木结构
■砌体结构+钢结构　　■砖木混合结构
■混凝土+砌体结构　■生土结构

图 1-13　结构类型

蛟龙村、韶山村、芦塘村、韩田村、沙洲村、秀水村传统民居较少，新农村住宅和现代住宅居多，湘西地区村落则保留了许多传统民居（图 1-14），村落住宅外观质量以优、良为主（图 1-15）。

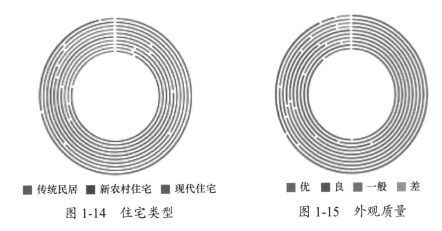

■ 传统民居 ■ 新农村住宅 ■ 现代住宅	■ 优 ■ 良 ■ 一般 ■ 差
图 1-14 住宅类型	图 1-15 外观质量

（2）建筑材料与构造

湖南地区村落住宅大多数坡屋顶住宅屋面以小青瓦和机制瓦为主要材料，平屋顶多采用预制板，也存在少量现浇板（图1-16）。外墙主要为红砖砌筑，外贴饰面砖或抹灰（图1-17）。

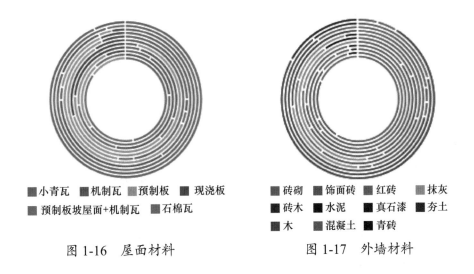

■ 小青瓦 ■ 机制瓦 ■ 预制板 ■ 现浇板	■ 砖砌 ■ 饰面砖 ■ 红砖 ■ 抹灰
■ 预制板坡屋面+机制瓦 ■ 石棉瓦	■ 砖木 ■ 水泥 ■ 真石漆 ■ 夯土
	■ 木 ■ 混凝土 ■ 青砖
图 1-16 屋面材料	图 1-17 外墙材料

门、窗框主要材料为铝合金和木材，玻璃多采用单层玻璃，极少数使用双层中空玻璃（图1-18）。楼板以预制板为主，少量使用现浇板，湘西地区则大量采用木楼板（图1-19）。

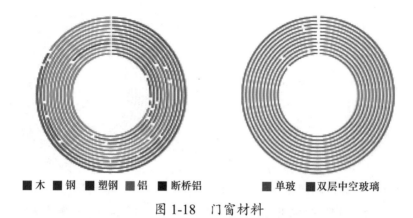

■木 ■钢 ■塑钢 ■铝 ■断桥铝　　　　■单玻 ■双层中空玻璃

图 1-18　门窗材料

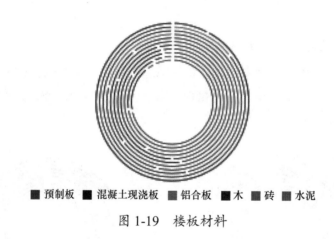

■预制板 ■混凝土现浇板 ■铝合板 ■木 ■砖 ■水泥

图 1-19　楼板材料

村落住宅几乎不做保温措施，部分采取隔热措施，主要为浅色外墙，采用设置挑檐、外廊和悬挑阳台等遮阳构造，少数住宅采用双层屋顶（图 1-20）。

村落住宅大多数无多余装饰，装饰材料一般以贴面砖、木构件、铝合金、抹灰喷漆居多；出现装饰的部位多为外立面、门窗、屋顶、围栏、内墙面等。

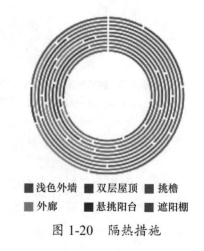

■浅色外墙 ■双层屋顶 ■挑檐
■外廊 ■悬挑阳台 ■遮阳棚

图 1-20　隔热措施

（3）室内环境

湖南地区农村住宅向阳面窗口长度主要为 1 ~ 1.5m，其次为 1.6 ~ 2m、2.1 ~ 2.5m，其中芦塘村、韩田村、秀水村出现了大尺度窗（图1-21）。窗台高度集中在 0.8 ~ 1.2m，其中湘西地区村落住宅出现了较高的 1.5m、1.6m、1.8m（图1-22）。

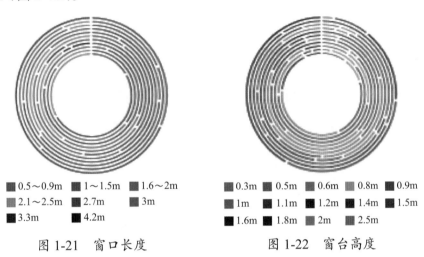

0.5~0.9m 1~1.5m 1.6~2m
2.1~2.5m 2.7m 3m
3.3m 4.2m

0.3m 0.5m 0.6m 0.8m 0.9m
1m 1.1m 1.2m 1.4m 1.5m
1.6m 1.8m 2m 2.5m

图 1-21　窗口长度　　　　　　　图 1-22　窗台高度

住宅以使用白炽灯和 LED 灯为主，燎原村、蛟龙村、韩田村、沙洲村使用 LED 灯数量较少（图1-23）。受访者普遍认为房屋室内空气质量为优（图1-24）。

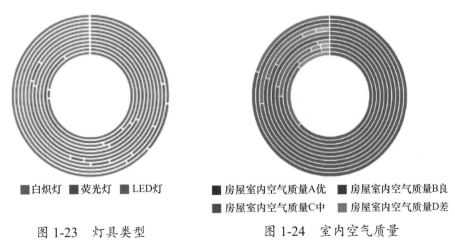

白炽灯 荧光灯 LED灯

房屋室内空气质量A优　　　房屋室内空气质量B良
房屋室内空气质量C中　　　房屋室内空气质量D差

图 1-23　灯具类型　　　　　　　图 1-24　室内空气质量

2. 河南省

（1）住户房屋基本情况

豫北的房屋面积平均水平高于豫中与豫南（图1-25）。豫北和豫中大部分房屋属于自建，豫南部分房屋属于村集体统一建设（图1-26）。

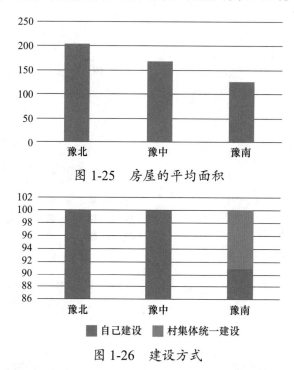

图 1-25　房屋的平均面积

图 1-26　建设方式

大部分房屋朝南，以1层平房以及2层独栋楼房居多，大多数房屋是自住使用，也有部分兼具生产经营的功能。房体大部分采用混凝土与砌体结构，房屋风貌主要以传统民居和新农村住宅两种形式为主（图1-27～图1-32）。

（2）建筑材料与构造

豫北、豫中、豫南大部分房屋建筑具体构造以小青瓦的坡屋面为主（图1-33），其次是以预制板的平屋面板为主（图1-34）。外墙主要为砖砌，外贴饰面砖或抹灰，内墙大多也为砖砌抹灰。窗框以金属材料为主，传统民居部分保留木窗框，绝大多数为单层玻璃（图1-35）。大部分房屋隔热措施主要采用

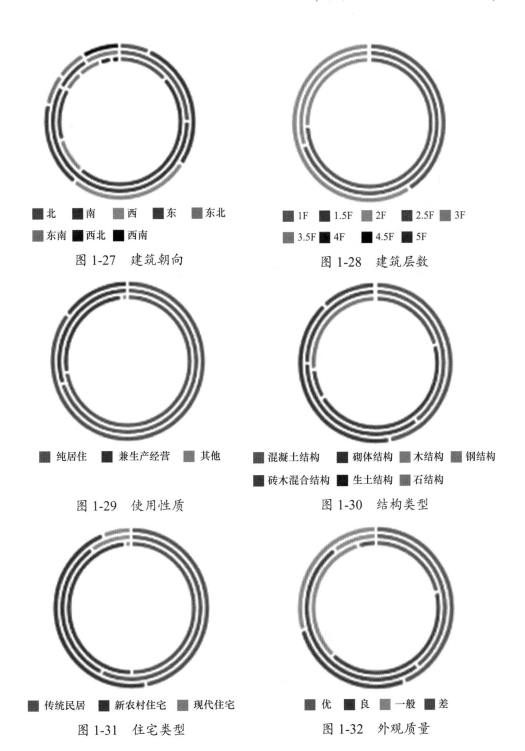

■ 北　■ 南　■ 西　■ 东　■ 东北
■ 东南　■ 西北　■ 西南

图 1-27　建筑朝向

■ 1F　■ 1.5F　■ 2F　■ 2.5F　■ 3F
■ 3.5F　■ 4F　■ 4.5F　■ 5F

图 1-28　建筑层数

■ 纯居住　■ 兼生产经营　■ 其他

图 1-29　使用性质

■ 混凝土结构　■ 砌体结构　■ 木结构　■ 钢结构
■ 砖木混合结构　■ 生土结构　■ 石结构

图 1-30　结构类型

■ 传统民居　■ 新农村住宅　■ 现代住宅

图 1-31　住宅类型

■ 优　■ 良　■ 一般　■ 差

图 1-32　外观质量

浅色外墙以及挑檐、外廊等构造方式（图 1-36）。新农村住宅大多无装饰构件，传统民居中保留一些梁架、屋脊的装饰。

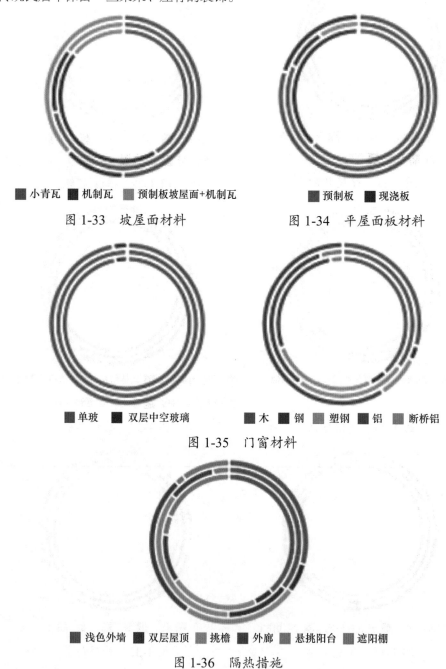

■ 小青瓦 ■ 机制瓦 ■ 预制板坡屋面+机制瓦　　　　　■ 预制板 ■ 现浇板

图 1-33　坡屋面材料　　　　　图 1-34　平屋面板材料

■ 单玻 ■ 双层中空玻璃　　　　■ 木 ■ 钢 ■ 塑钢 ■ 铝 ■ 断桥铝

图 1-35　门窗材料

■ 浅色外墙 ■ 双层屋顶 ■ 挑檐 ■ 外廊 ■ 悬挑阳台 ■ 遮阳棚

图 1-36　隔热措施

（3）室内环境

天然采光洞口平均 1.6m 长、1.5m 宽，阳台高度基本为 1m。人工照明方面，大部分地区以白炽灯、LED 灯为主（图 1-37）。空气质量基本为优（图 1-38）。

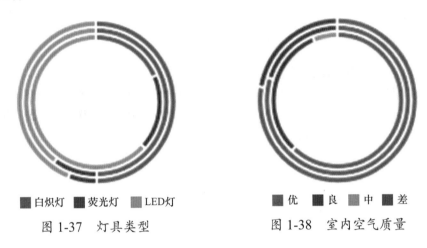

■白炽灯　■荧光灯　■LED灯

图 1-37　灯具类型

■优　■良　■中　■差

图 1-38　室内空气质量

3. 江西省

（1）住户房屋基本情况

受访村民的房屋大多建成年代较早，平均房龄达到 20 年（图 1-39）。大多数村落住宅朝向是正南和正东方向，尤其是正南朝向的民居超过了 40%，正东朝向则占 20% 多，其次是正北和正西朝向各占 10% 左右（图 1-40）。

江西地区的村落住宅以两层为主，占比超过 50%；其次则是三层，占比接近 30%，还有 10% 左右的住宅是一层，四五层的住宅则极为稀少（图 1-41）。住宅面积普遍在 100～200m²，各村落之间的住宅面积存在一定的差异，流坑村居民住宅平均面积为 200m²，上贯陇村平均住宅面积仅为 116m²。绝大多数村落住宅使用性质为纯居住，占比接近 90%；流坑村住宅兼生产经营较多，与纯住宅所占比例相当（图 1-42）。

大多数村落住宅为独立式住宅，个别住宅是联排式，单元式住宅、联排端头和双拼住宅则非常少见（图 1-43）。村落住宅以混凝土结构、砌体结构、砖

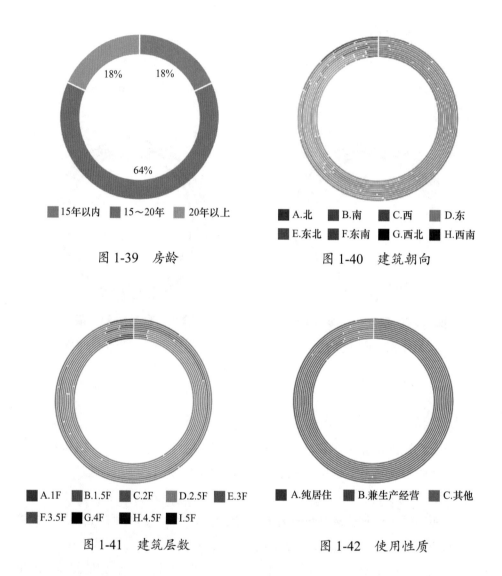

图 1-39　房龄　　　　　　　图 1-40　建筑朝向

图 1-41　建筑层数　　　　　图 1-42　使用性质

木混合结构、木结构为主，其中流坑村、虹关村木结构占比较其他村落高（图1-44）。

　　大部分村落房屋以新农村住宅为主，现代住宅数量仅有15%左右，虹关村、流坑村则保留了许多传统民居（图1-45）。村落住宅外观质量以优、良为主（图1-46）。

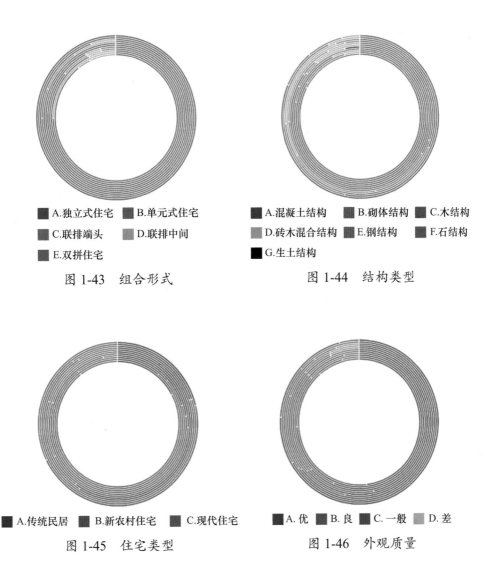

■A.独立式住宅　　■B.单元式住宅

■C.联排端头　　　■D.联排中间

■E.双拼住宅

图 1-43　组合形式

■A.混凝土结构　■B.砌体结构　■C.木结构

■D.砖木混合结构　■E.钢结构　■F.石结构

■G.生土结构

图 1-44　结构类型

■A.传统民居　　■B.新农村住宅　　■C.现代住宅

图 1-45　住宅类型

■A. 优　■B. 良　■C. 一般　■D. 差

图 1-46　外观质量

卧室数量以 4 ~ 5 间为主；客厅、堂屋数量主要为 1 ~ 2 间；厨房数量以 1 ~ 2 间为主，其中 1 间为最多；餐厅数量大多数为 1 间，存在一些客餐厅一体的形式；卫生间数量大多数为 1 ~ 2 间；储物室大多为 1 间；加工间数量不多，只有少数住宅有 1 ~ 2 间；绝大多数住宅没有对外商业、服务业房间，功能一般都是小卖部、麻将馆（图 1-47 ~ 图 1-54）。

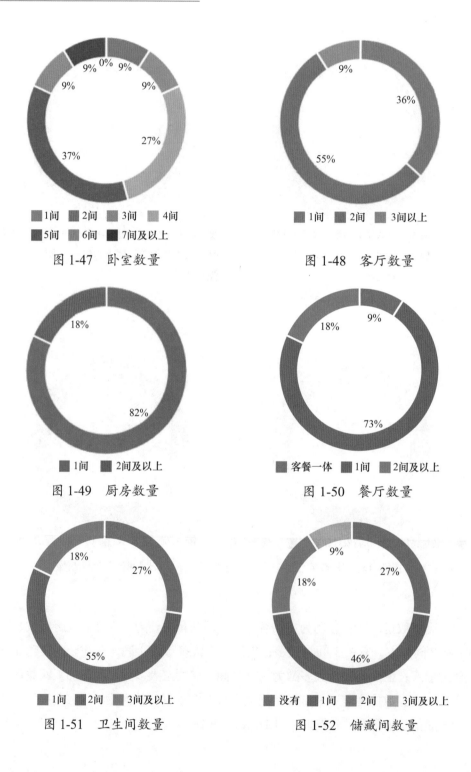

图 1-47　卧室数量

图 1-48　客厅数量

图 1-49　厨房数量

图 1-50　餐厅数量

图 1-51　卫生间数量

图 1-52　储藏间数量

图 1-53　加工间数量　　　　图 1-54　对外商业、服务房间数量

（2）建筑材料与构造

江西地区民居坡屋面略多于平屋面（图 1-55），其中大多数坡屋顶以小青瓦和机制瓦为主要材料（图 1-56），平屋顶屋面以现浇板为主，也有部分预制板（图 1-57）；外墙主要为砖砌形式，外贴饰面砖或水泥抹灰；内墙主要为砖砌形式，抹灰简单装饰。

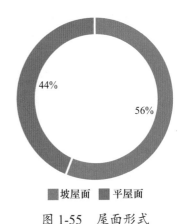

图 1-55　屋面形式

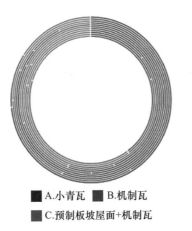

图 1-56　坡屋面材料

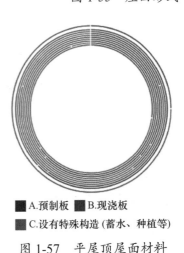

图 1-57　平屋顶屋面材料

江西地区民居门窗框主要材料为铝合金和木材，个别有钢材、断桥铝门窗框；受访居民的住宅窗户全部为单层玻璃，没有使用双层中空玻璃（图1-58）。

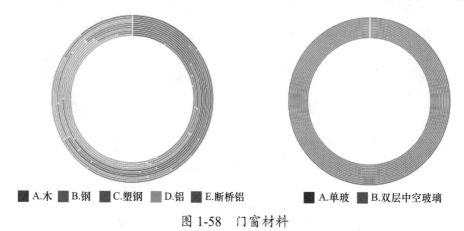

■A.木　■B.钢　■C.塑钢　■D.铝　■E.断桥铝　　　　■A.单玻　■B.双层中空玻璃

图1-58　门窗材料

村落住宅几乎没有保温构造，部分村落会考虑做隔热措施，主要方式为浅色外墙、悬挑阳台、双层屋顶（图1-59）。

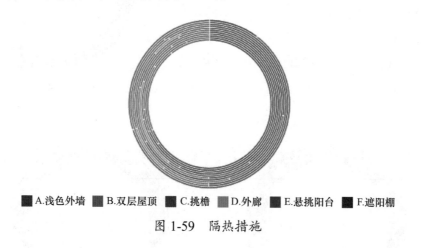

■A.浅色外墙　■B.双层屋顶　■C.挑檐　■D.外廊　■E.悬挑阳台　■F.遮阳棚

图1-59　隔热措施

（3）室内环境

江西地区农村住宅向阳面窗口长度主要分布在1.5～2m，其次为2m以上，其中梅岭村、上贯陇村、易家河村窗户尺寸大一些；向阳面窗口宽度主要分布在1.5～2m（图1-60）。窗台高度集中在1～1.5m，没有出现较高的窗台（图1-61）。

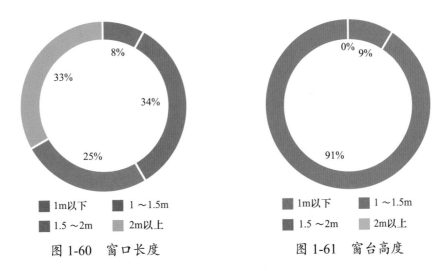

图 1-60　窗口长度　　　　　　图 1-61　窗台高度

住宅以使用白炽灯和 LED 灯为主，豆田村使用 LED 灯数量较少，豆田村、圳上村、流坑村、易家河村有一定数量住宅使用荧光灯（图 1-62）。受访者普遍认为房屋室内空气质量较为优良，仅有不到 5% 的村民认为空气质量为中等或差（图 1-63）。

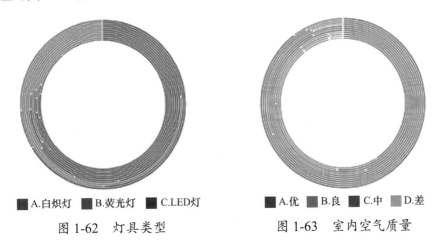

图 1-62　灯具类型　　　　　　图 1-63　室内空气质量

4. 湖北省

（1）住户房屋基本情况

调研中村民房屋的房龄普遍较长，40% 的村民表示已居住 15 年以上，只有近 5% 左右的村民居住年限在 5 年以下（图 1-64）。调研中还发现，村民房屋基本上是自家修建，很少有村集体修建的。湖北省大部分村庄村民住宅高度在 1～3 层，几乎没有超过 3 层的村民楼房。面积集中在 100～250m²。皇屯村和李家店村 3 层的楼房较多，占比 30% 左右（图 1-65）。

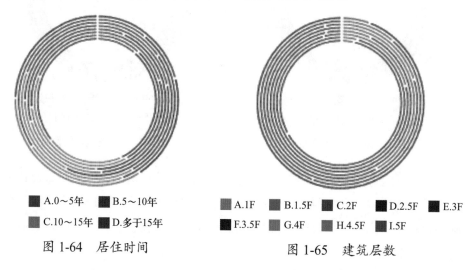

图 1-64　居住时间

■A.0～5年　■B.5～10年
■C.10～15年　■D.多于15年

图 1-65　建筑层数

■A.1F　■B.1.5F　■C.2F　■D.2.5F　■E.3F
■F.3.5F　■G.4F　■H.4.5F　■I.5F

　　湖北大部分村庄住宅朝南建立，少数住宅朝向西边或者东边建立（图 1-66）。绝大多数村落住宅使用性质为纯居住，仅有几户人家住宅兼生产经营（图 1-67）。

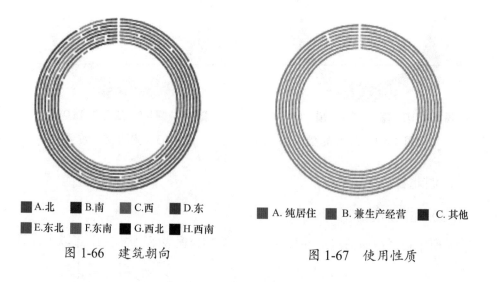

图 1-66　建筑朝向

■A.北　■B.南　■C.西　■D.东
■E.东北　■F.东南　■G.西北　■H.西南

图 1-67　使用性质

■A. 纯居住　■B. 兼生产经营　■C. 其他

大多数村落住宅为独立式住宅，童桥村和龚店村出现了少许单元式住宅，联排端头和联排中间式住宅在村落中也有出现，凤凰村和龚店村出现了双拼住宅（图1-68）。村落住宅以混凝土结构、砌体结构、砖木混合结构为主，西湾村和凤凰村少部分房屋为木结构（图1-69）。

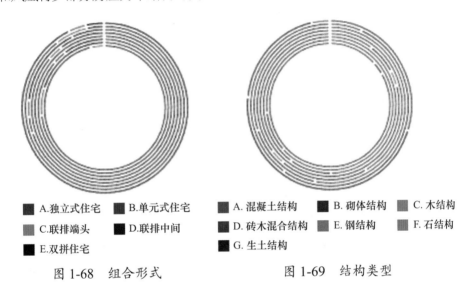

图 1-68　组合形式　　　　图 1-69　结构类型

村落建筑基本上为传统民居或者新农村住宅，现代住宅较少（图1-70）；村落住宅外观质量以优、良为主（图1-71）。村民房屋基本上有3～4间卧室，1～2间卫生间，1间储存室，极少数村民家有加工间。

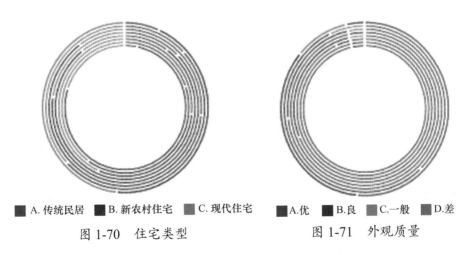

图 1-70　住宅类型　　　　图 1-71　外观质量

（2）建筑材料与构造

湖北地区民居大多数坡屋顶以机制瓦为主要材料（图1-72），平屋顶屋面以预制板为主要形式，龚店村、皇屯村、金鸡村部分楼房采用现浇板（图1-73）。外墙主要为砖砌形式，厚度240mm，李家店村部分房屋外墙采用真石漆形式，外贴瓷砖或抹灰；内墙主要为砖砌形式，抹灰简单装饰。

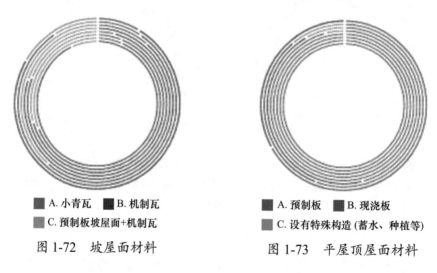

| ■ A.小青瓦 | ■ B.机制瓦 | ■ A.预制板 | ■ B.现浇板 |
| ■ C.预制板坡屋面+机制瓦 | | ■ C.设有特殊构造（蓄水、种植等） | |

图 1-72　坡屋面材料　　　　图 1-73　平屋顶屋面材料

湖北地区门窗框材料以木、塑钢、铝合金材料为主，玻璃基本上为单玻形式；大多数房屋没有装饰材料，主要以实用性为主（图1-74）。

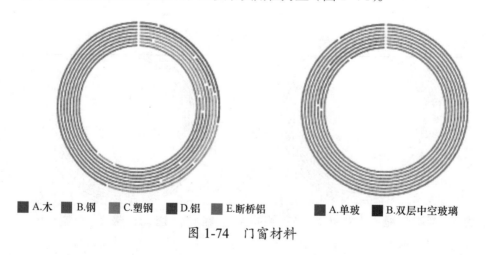

■ A.木　■ B.钢　■ C.塑钢　■ D.铝　■ E.断桥铝　　　■ A.单玻　■ B.双层中空玻璃

图 1-74　门窗材料

村落住宅几乎没有保温构造，部分村落会考虑做隔热措施，主要方式为浅色外墙和双层屋顶，部分房屋采用挑檐、外廊、悬挑阳台进行隔热（图 1-75、图 1-76）。

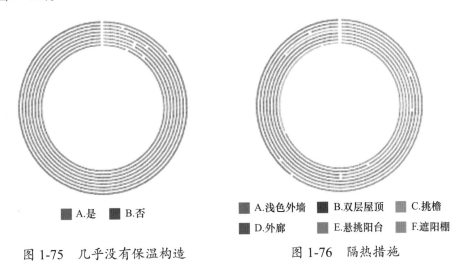

■ A.是　　■ B.否

■ A.浅色外墙　　■ B.双层屋顶　　■ C.挑檐
■ D.外廊　　　　■ E.悬挑阳台　　■ F.遮阳棚

图 1-75　几乎没有保温构造　　　　图 1-76　隔热措施

（3）室内环境

天然采光洞口平均 1.7m 长、1.5m 宽，窗台高度基本为 1m。住宅以使用白炽灯和 LED 灯为主，少数住宅采用荧光灯照明（图 1-77）。受访者普遍认为房屋室内空气质量为优或者良，对当地空气很满意（图 1-78）。

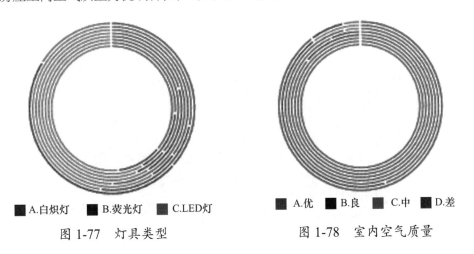

■ A.白炽灯　　■ B.荧光灯　　■ C.LED灯　　　　　■ A.优　　■ B.良　　■ C.中　　■ D.差

图 1-77　灯具类型　　　　　　　　　　图 1-78　室内空气质量

1.2.3 现状与问题

1. 湖南省

（1）产业配套

湖南村落按建筑类型可分为三种类型：开发程度较低的传统型村落，正在开发的传统向现代过渡型村落，开发度较高的现代型村落。此次调研村落中这三类村落呈均质分布。

湖南省农业生产存在以下几个问题：a.缺乏主导产业与品牌，尚未具备独特的市场核心竞争力，缺少农产品深加工与农业产业链，农业附加值低；b.产业化经营规模较小，缺乏龙头企业，生产经营利益联结机制不完善；c.专业生产技术条件缺乏，部分村落的水利设施、耕作设施等农业基础设施不齐全；d.相关产品信息更新不及时，对农产品的销售情况、流通方向与市场需求相关信息获取较慢；e.农业生产空间功能单一，缺乏区域产业整体规划布局，缺少现代农业配套建设。

（2）传统民居技术传承

① 建筑风貌：受中原文化和少数民族文化共同影响，主要采用天井院式布局，二层向内院设置栏杆；少数民族地区传承干栏式建筑特色，采用悬山、歇山形式的屋顶，体现木质建筑风貌（图1-79）。

图 1-79　湘西民居

②空间形制：湘西地区建筑在平面布局上采用以堂屋为核心的中心对称式布局形式，建筑高度多在一层或二层。湘北地区、湘中地区的民居形制相似度较高，主要有独栋正堂式大宅、天井院落式以及"丰"字形大宅、"四方印"大宅等类型。

③材料装饰：湖南麻缨塘村、五郎溪村、小渔溪村等湘西村落以木结构为主要形式，装饰方面在建筑的门扇、窗棂、柱头、挑枋、檐板、栏杆上均有体现，造型生动。

④气候适应性：传统民居多采用空斗墙、灌斗墙等传统砌筑方式，坡屋顶一般都留有通风屋面，通风屋面对室外过热过冷空气起到明显的缓冲作用，具有很好的隔热作用。

⑤现状与问题：湖南地区大多数村落住宅为独立式住宅，蛟龙村、韶山村、韩田村、沙洲村出现了少量联排的形式，蛟龙村、韶山村、芦塘村、韩田村、秀水村也出现了少量双拼住宅，村落传统民居较少，以新农村住宅和现代住宅居多，风格多为现代或欧式风格，外墙主要为砖砌形式，外贴饰面砖或抹灰，内墙主要为砖砌形式，抹灰简单装饰，建筑风貌同质化，缺乏湖湘文化特色（图1-80、图1-81）。

图1-80 燎原村住宅

图1-81 蛟龙社区住宅

（3）建筑设计与建造

①结构体系：湖南省新农村住宅主要结构类型是砖混结构、砖木结构。承重墙普遍采取砌块砌筑，圈梁、构造柱和屋面等采用现浇混凝土的方式，楼板

采用预制板铺设，也采用现场整体浇筑。农村房屋大部分是自主建设，缺乏专业的设计和施工，混合砌筑墙体普遍为分层砌筑，两种不同材料分层处未设置可靠拉结连接，仅用泥浆或砂浆砌筑，加之材料性能不同，易引起墙体开裂，出现截面削弱现象，从而导致房屋的整体结构性差，抗震性能较弱。传统民居则广泛采用空斗砖墙砌筑，其抗震性能相对于实砌墙体要差，抗剪强度低，承载能力和稳定性较差。

② 材料构造：村落住宅几乎不做保温构造，墙体往往采用240mm厚实心黏土砖砌筑。湖南地区农村住宅的常见屋顶主要为平屋顶、坡屋顶及平屋顶＋坡屋顶的组合三种类型，其中农村住宅坡屋顶形式占比最大，窗户以铝合金和木窗框为主，玻璃以单层玻璃为主，传热系数较大，保温性能差，部分村落会考虑采取隔热措施，建筑缺少保温结构会增加冬季房屋热量流失，增加房屋能耗。

③ 节能技术：湖南地区坡屋顶住宅大部分设置了通风屋面，又称架空的通风阁楼，其对于农村住宅来说具备良好的夏季隔热性能，通风屋面对室外过热过冷的空气起到明显的缓冲作用，可以起到很好的隔热保温作用。

2. 河南省

（1）产业配套

豫北一斗水村、回头山村、宰湾村目前村内均没有种植大棚和农业园区，农业生产经营模式还是以家庭承包、分散经营为主。豫中李渡口村、豫南黄涂湾村均有蔬菜大棚建设，但规模较小，约20亩 [*]，农业生产以种田大户承包为主，缺少一定规模的农业种植基地和园区。豫南董桥村建有灵丰园生态农业园，占地2600亩，主要种植水果进行售卖和采摘。除去大棚，园区内仅配套建设一层办公用房100m²、轻钢简易仓库150m²，简易仓库用以存放农具、肥料，没有配套建设加工、储存、销售空间，导致农产品附加值低（图1-82）。

河南省农业生产存在以下几个问题：a.案例村农业生产方式较为传统，小农经济、自产自销，现代农业发展落后；b.农业停留在产业链原料供给的最低

---

* 亩：1亩 =666.66m²。

(a) 灵丰园大门　　　　　　　　　　　　(b) 灵丰园种植大棚

(c) 灵丰园办公用房　　　　　　　　　　(d) 灵丰园简易仓库

图 1-82　灵丰园

端，与二、三产业联系不紧密，产值较低；c. 存在资金不足、技术不足、农产品特色不突出的问题；d. 部分村落的水利设施、耕作设施等农业基础设施不齐全；e. 大部分村落未形成规模化的现代农业管理模式，缺少现代农业配套建设；f. 信阳市茶产业依靠传统方式作业，一定程度上制约了茶产业的科技化、集群化发展；同时对茶道、茶艺等文化开发不足，导致茶产业融合不足、品牌特色并不突出。

（2）传统民居技术传承

① 建筑风貌：一斗水村、董桥村和李渡口村有大量传统民居资源，当地已经有意识将其利用，进行了一部分的挂牌、修缮工作，大多是政府提供支持、村民自发营建。回头山村、黄涂湾村、宰湾村内也有一些传统民居，一般来说保存良好的由村民自住，出现坍塌等问题的逐渐荒废无人管理（图 1-83）。

(a) 黄涂湾村荒废的土坯房　　　　　　　(b) 董桥村清代民居

(c) 李渡口村村民整修民居用于旅游经营　　　(d) 董桥村编号挂牌

图 1-83　建筑风貌

② 空间形制：传统民居空间布置上北方以三合院居多，单体多为一层；豫南地区出现天井式及井院式布局，大多为两层或带储物的夹层，体现了南北过渡的特点。整体上屋顶为坡屋面，山墙呈人字形，结构形式以砖木混合的砖墙承檩式为主（图 1-84）。

③ 材料装饰：豫北地区的回头山村、宰湾村传统民居多为实砌土坯墙或砖砌结合夯土墙，一斗水村由于地处山区就地取材，多为石砌墙体；豫中豫南地区传统民居多为空斗砌法的砖墙，也有少量土坯墙，但由于气候潮湿土坯墙保留状况较差。豫北地区装饰部位以屋脊、外墙和檐口为主，豫中豫南地区以梁架和屋脊为主（图 1-85）。

④ 气候适应性：董桥村和李渡口村的传统民居由于采用空斗砖墙，具有明

(a) 一斗水村三合院民居   (b) 李渡口村民居立面

图 1-84 　空间形制

(a) 李渡口村民居门窗   (b) 董桥村民居外墙

(c) 宰湾村民居立面   (d) 李渡口村屋脊装饰

图 1-85 　材料装饰

显的冬暖夏凉的特点,一斗水村的石砌墙体也有很好的蓄热效果。

⑤ 现状与问题:a. 传统民居保护修缮缺乏管理、欠缺科学支持,外观质量达到优良的很少;b. 传统民居的空间布局缺少现代生活所需的部分功能空间,

例如干净整洁的卫生间、厨房等；c.传统民居具有一定的气候适应性，但由于年久失修土坯墙气密性变差，为满足现代舒适条件应进行改造修缮，屋顶瓦片也应该进行整理并增加保温防水构造；d.居住房屋大多为新农宅，除了承袭合院形制以外几乎没有传统民居的传承应用，缺乏地域特色。

（3）建筑设计与建造

① 基本情况：整体上以独立式住宅为主，其中传统民居多为坡屋顶而新农村住宅多为平屋顶；院落多为三合院，正房作为居住房间，厢房也有居住功能并兼具厨房和储藏空间；单体内部空间以三开间和五开间为主。豫北地区多为一层，李渡口村、董桥村和黄涂湾村的新建农宅大多是两层。相对来说豫北地区朝南向的房屋多一些，豫中豫南则各个朝向均有分布（图1-86）。

(a) 黄涂湾村新农宅　　　　　　　　(b) 李渡口村新农宅

图1-86　基本情况

② 结构体系：新农村住宅主要结构类型是砖混结构，其次为砖石结构。砖混结构中，承重墙普遍都采取砌块砌筑，圈梁、构造柱和屋面等采用现浇混凝土的方式，楼板可采用预制板铺设，也可采用现场整体浇筑。农村房屋大部分是自主建设，缺乏专业的设计和施工，结构体系多缺乏有效的抗震措施，房屋整体结构性差，抗震性能较弱。河南省应用广泛的土坯墙的抗剪、抗弯性能不足，耐水性较差，墙体剥落、开裂现象严重，严重影响房屋的结构安全性从而导致房屋的整体结构性差，抗震性能较弱。

③ 材料构造：河南的农村住宅基本上没有采取保温措施，墙体往往采用240mm厚黏土砖砌筑，外贴装饰瓷砖，无保温层，保温隔热效果差。门窗方

面，玻璃为单层玻璃，框材主要以木制、金属为主。老式民居屋面形式多为坡屋顶，使用望砖、苫背和小青瓦作为屋面材料，有保温效果但效果不足；新建房屋多采取平顶形式，无保温层，防水措施主要为涂刷沥青，保温性能较差并存在漏水问题。以上构造措施直接导致农村房屋能耗大、舒适性差（图1-87）。

(a) 董桥村新农宅　　　　　　　　(b) 黄涂湾村新农宅

图 1-87　材料构造

④ 功能空间：基本都配置有客厅堂屋、储藏室和多个卧室，餐厅很少单独设立。厨房及卫生间条件较差，大多是院子里单独搭棚或加建在楼梯下、院子角落等空间。

⑤ 现状与问题：a. 建筑结构整体性差；b. 建筑风貌单一；c. 保温隔热措施薄弱，舒适性差，老房子采光状况差，新房子门窗性能较差；d. 卫生间、厨房等功能空间不符合现代人居舒适需求（图1-88）。

(a) 黄涂湾村院内厨房　　　　　　　(b) 李渡口村院内卫生间

图 1-88　厨卫空间

3. 江西省

（1）产业配套

农业经营模式以家庭承包、分散经营为主，以及种田大户承包，结合农业合作社的模式并存。其中6个调研案例建设了农业园区。流坑村内多为留守老人，缺少劳动力；村民对现代农业生产经营模式并不了解，仍以个体种植为主；农业现代化水平低，存在农业机械、水利灌溉设施不足等问题。流坑村现有产业主要为农业和旅游业，农业发展程度较低，现代农业建设薄弱，缺乏配套。

江西省农业生产存在以下几个问题：a. 部分村落土地资源利用效率不高；b. 农产品种类较为单一，农业发展不均衡；c. 部分村落的水利设施、耕作设施等农业基础设施不齐全；d. 部分农民的耕作知识与技能较低，农业发展的扶持力度有待加强，部分村落出现农业劳动力不足的问题；e. 大部分村落未形成规模化的现代农业管理模式，缺少现代农业配套建设。

（2）传统民居技术传承

① 建筑风貌：总体来说，流坑村目前的受保护水平高于全国其他古村落的平均水准，这得益于当地较为强烈的保护意识及当地政府的努力。流坑村内明代遗留19处古建筑，清代遗留260处古建筑已全部登记为文物单位，并且已编号挂牌。

② 空间形制：受明清"庶民屋宅不得过三间五架"的制度影响，流坑村民居建筑的空间组合只能呈纵向进深方向发展，采用空间相互穿套、连通的组合形式从而形成了串联式组合。平面布局都以前后堂为中轴线，依分区功能的不同依序排列。依序具体分入口空间、天井空间、前堂空间、厢房空间、后堂空间等空间分区（图1-89）。

流坑村民居建筑立面形制简约，大致由屋面、墙体、入户门组成。流坑村民居多采用坡屋面，以硬山式顶为绝大多数；又以水平高墙为外观主体风貌，前进多用人字山墙，后进用五花山墙；入户门主要以门罩式、门廊式两种形式为主（图1-90）。

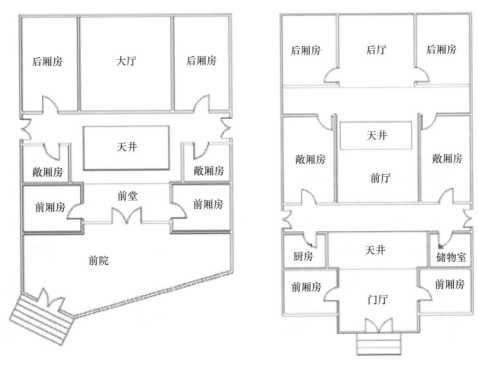

图 1-89　平面空间形制

图 1-90　立面形制

③ 材料装饰：流坑古村的民居建筑均为砖木结构，用空斗砖墙围合，清一色的青砖灰瓦，朴实素雅。流坑村民居的装饰手法，按技法分类，有木雕、砖雕、石雕、灰塑、彩画、墨绘和匾联七类，总体装饰以木雕较多，多用于月梁、梁头、斜撑、雀替、门窗隔扇等处。图案整体造型饱满，多以花卉、鹿、鳌鱼等吉祥物及流坑村民傩舞的人物动作为主（图 1-91）。

(a) 正大光明石雕　　　　　　　　　　(b) 傩舞人物装饰

图 1-91　材料装饰

④ 气候适应性：为了满足隔热需求，流坑村民居采用大进深正屋，减少阳光直射到前堂区域。流坑村民居空间分两层，二层用于储物，并作隔热空间，两层间以天花板作隔断，避免二层热量传导至一层。民居由内墙或层楼围合出天井空间，使天井及厅堂皆为庇阴环境，室内气温低于室外温度，形成气流循环，调节室内微气候。民居的巷道间距甚小，既节约用地，又减少了太阳辐射量。天井形制改良为狭长的条形，局限阳光直射入户的辐射角度。屋面采用薄瓦，瓦与橡木间不设苦背，此方式利于增加室内外空气的流通，以降低室内温度。民居厅堂檐廊处设挑高的卷棚轩，增大厅堂上部空间用于空气循环以利隔热（图 1-92）。

⑤ 现状与问题：a. 流坑古村现存的建筑当中，其木质结构部件早已经老化，诸多的隐患随时可能威胁居民的生命，据统计总共有 40% 的房子已经严重破损，无法居住；b. 仍有部分古建筑内有人居住，日常生活中种种行为都会对

(a) 天井   (b) 室内夹层   (c) 巷道

图 1-92　气候适应性

古建筑产生一定程度上的损害，乡土建筑亟待修复；c. 在古代，流坑传统民居的采光主要依靠天井，在当今用电照明的时代，这种传统民居的布局导致房间空间狭小、采光能力差；d. 村内环境景观较差，需要改善管制。

（3）建筑设计与建造

① 基本情况：整体上以独立式住宅为主，建筑层数以两层为主，住宅面积普遍在 100 ~ 200m²，绝大多数村落住宅使用性质为纯居住，只有流坑村住宅兼生产经营较多，与纯居住所占比例相当。大部分村落房屋以新农村住宅为主，虹关村、流坑村则保留了许多传统民居。

② 结构体系：调研村落住宅以砖混结构、砌体结构、砖木结构、木结构为主要结构，其中流坑村、虹关村木结构占比较其他村落高。明清建筑以砖木结构为主，兼有部分以砖砌墙体或土墙作为承重的砖木、土木混合结构，墙体多为空斗砖砌体，屋顶为小青瓦双坡屋顶。新农村住宅主要结构类型是砖混结构，承重墙普遍都采取砌块砌筑，圈梁、构造柱和屋面等采用现浇混凝土的方式，楼板可采用预制板铺设，也可采用现场整体浇筑。混合砌筑墙体普遍为分层砌筑，未设置可靠拉接，易引起墙体开裂，导致房屋的整体结构性差，抗震性能较弱。空斗砖墙砌筑形式，抗震性能相对于实砌墙体要差，抗剪强度低，承载能力和稳定性较差。

③ 材料构造：传统民居外墙采用 400mm 厚空斗砖墙，具有一定的保温隔热功能，但是近现代农村住宅基本上没有采取保温措施，墙体往往采用 240mm

厚实心黏土砖砌筑，外贴装饰瓷砖或水泥抹灰，无保温层，保温隔热效果差。内墙主要为砖砌形式，抹灰简单装饰。传统民居均为木框单层玻璃窗，新建房屋多采用铝合金或塑钢框料单层玻璃窗。因木框易变形，密封性能差，金属框材易形成冷桥，单层玻璃缺少空气绝缘层等因素，致使门窗保温性能差，影响室内热环境。建筑屋面形式多为坡屋顶，使用望砖、苫背和小青瓦作为屋面材料，有保温效果但效果不足。以上构造措施直接导致农村房屋能耗大、舒适性差。

④ 功能空间：基本都配置有客厅堂屋、储藏室和多个卧室，餐厅很少单独设立。厨房及卫生间条件较差，大多是院子里单独搭棚或加建在楼梯下、院子角落等空间。

⑤ 现状与问题：a. 农村房屋大部分是自主建设，缺乏专业的设计和施工，从而导致房屋的整体结构性差，抗震性能较弱；b. 建筑风貌单一；c. 保温隔热措施薄弱，舒适性差。老房子采光状况差，新房子门窗性能较差；d. 卫生间、厨房等功能空间不符合现代人居舒适需求。

4. 湖北省

（1）产业配套

村内农业管理多以家庭承包分散经营为主，结合农业合作社、种田大户多种模式并存，实现村庄经济的发展，有利于农民更好地对外销售。

农业生产存在以下几个问题：a. 村庄产业发展优势不突出，主导产业为农业，以种植水稻为主，少数村庄辅以鱼虾养殖与果树种植，缺乏特色产品；b. 产业结构与发展模式较为单一，主要经济来源为第一产业，第二、第三产业发展欠缺；c. 专业生产技术条件缺乏，部分村落的水利设施、耕作设施等农业基础设施不齐全；d. 相关产品信息更新不及时，对农产品的销售情况、流通方向与市场需求相关信息获取较慢；e. 大部分村落未形成规模化的现代农业管理模式，缺少现代农业配套建设。

（2）传统民居技术传承

① 建筑风貌：受到荆楚文化及多元文化的融合影响，全省境内农宅建设呈现出地域差异，江汉平原、武汉市及周边地区以荆楚派特点为主的民居，湖北

东北地区受移民运动影响呈现江西等地建筑特色，湖北东南地区呈现出皖赣建筑、徽派建筑的特色等。调研村庄中，李家店村、荆州的四个村落呈现出明显的荆楚特色民居。随州地区民居与江西民居类似。

② 空间形制：湖北以天井式民居为典型，山墙往往通过云形、跌级形、人字形、一字形、双迭墀头等多种样式的组合形成丰富的轮廓变化。鄂东南地区多为两层，上层为阁楼，层高较低，通常不作为居住空间而作为储存空间，形成通风隔热的夹层空间。

③ 材料装饰：建筑外墙一般以石基清水砖墙为主，有些以白灰粉刷。墙檐以水墨彩绘或灰塑装饰，为青灰色墙面镶上白底彩绘的轮廓。以砖木混合结构为主要结构体系，屋顶多为硬山小青瓦坡屋面。

④ 气候适应性：湖北地区雨水丰沛，四季中春秋短、冬夏长，尤其是夏季时间长而酷热，并且雨热同季。当地民居以外部高墙抵抗冬冷夏热的气候；入口采用槽门式或出檐深远的门头，解决防雨遮阳的需求。

⑤ 现状与问题：调研的案例村中许多建筑外墙、屋面随意建设，风格杂乱，没有特色。门窗的设置朝向随意，一些民居的采光通风受到限制。给排水的管道设置不合理，造成生活污水排放不顺畅，室内室外双重污染，照明等设备的设置随意。应当整体规划建筑外立面，体现乡村的地域文化风貌，考虑遮阳采光问题，亮化室内，结合现代的生活需求合理布置电器的分布。李家店村、凤凰山村近年来由于政府投资进行村庄建筑的整改，村庄外观有了很大的改善。

（3）建筑设计与建造

① 基本情况：湖北省大多数村落住宅为独立式住宅，童桥村和龚店村出现了少许单元式住宅，联排端头和联排中间式住宅在村落中也有出现，凤凰村和龚店村出现了双拼住宅（图1-93）。

② 结构体系：村落住宅以混凝土结构、砌体结构、砖木混合结构为主，西湾村和凤凰村少部分房屋为木结构，大多数房屋并没有装饰材料，主要以实用性为主。新农村房屋多为砖混结构，房屋整体结构性差，抗震性能较弱。传统民居多采用空斗砖墙砌筑形式，其抗震性能相对于实砌墙体要差，抗剪强度低，

(a) 李家店村部分建筑 (一)　　(b) 李家店村部分建筑 (二)　　(c) 赤壁市西湾村村民楼房

图 1-93　湖北住宅建筑

承载能力和稳定性较差。

③ 材料构造：传统民居外墙采用 400mm 厚空斗砖墙，具有一定的保温隔热功能，但是近现代农村住宅基本上没有采取保温措施，墙体往往采用 240mm 厚实心黏土砖砌筑，外贴装饰瓷砖，无保温层，保温隔热效果差。传统民居均为木框单层玻璃窗，新建房屋多采用铝合金或塑钢框料单层玻璃窗。因木框易变形，密封性能差；金属框材易形成冷桥；单层玻璃缺少空气绝缘层等因素，致使门窗保温性能差，影响室内热环境。建筑屋面形式多为坡屋顶，使用望砖、苫背和小青瓦作为屋面材料，有保温效果但效果不足。同时地基比较低，容易使地面返潮，以上构造措施直接导致农村房屋能耗大、舒适性差。

④ 功能空间：部分乡村住宅空间设置不合理，功能划分混乱。普遍存在厨房、卫生间功能不齐全，生产、生活空间没有完全分离，乱搭乱建辅助用房等问题。

1.2.4 目标与需求

1. 湖南省

（1）现代农业领域建筑专业目标与需求

① 空间供给

湘北地区案例村落普遍存在产业空间配套不足的问题，仍然以传统的农业用地为主，缺乏农产业深加工空间。燎原村现有凯佳生态园已建成葡萄蔬菜种植大棚，但是没有配套建设存储和深加工空间，导致农产品附加值低，风险大；福邦药材基地主要以种植为主，缺乏管理经营，种植基地荒草丛生，收益未知。蛟龙社区由于交通优势明显，农业产业发展相对较好，几家农业企业已经初具规模，具有成熟的农产品生产加工空间。

湘西地区案例村落调研结果显示，大部分村落产业发展以农产品种植为主，但农作物种植地在空间上较为分散，耕地多为自行开垦而来，土地资源利用效率相对较低。除五郎溪村是通过引进博天羊肚菌种植合作社，带来生产技术与资金，将土地集中管理生产外，其他案例村落由于缺乏技术、劳动力以及规模化的生产线，出现部分耕地荒废，农业资源利用不充足等现象。

湘南地区案例村落的农业产业空间配套设施相对齐全，农业种植品牌效益明显，产业形式正从单一的农业种植转向农旅结合的多元化发展。受气温降水土壤等影响，沙洲村、韩田村、秀水村适合种植反季节粮食作物与果树，其中奈李与水晶梨已在全国范围内享有一定的品牌知名度。湘南案例村的未来产业发展将借助沙洲村的红色旅游资源，依托农业种植基础，联动周边村域经济，从而促进产业多元化发展。

② 空间需求

问卷调研与访谈结果显示，产业经营者一方面希望将农业生产、加工、包装、运输、研发及销售等环节所需的空间与现状空间整合，如建立适宜的产业配套建筑；另一方面也希望种植基地充分发挥旅游功能，最终形成集生产、生活及生态功能为一体的功能复合体。

产业劳动者普遍希望能够学习相关职业技能与知识，这样既能够进入现代农业产业园等规模化场所工作，又能自行创业和劳作；除工资水平外，最关心的是上下班通勤时间，大部分劳动者更倾向于工作地点离家近，可每天往返于工作地与家庭之间。

产品消费者则注重产品的质量，对于农产品，一方面希望其从生长、采摘、加工到包装、运输等过程，都能符合新鲜、安全、健康的要求；另一方面希望农产品能够较快送达使用。对于旅游休闲产品，则希望其相关配套设施如游玩设备、餐饮等内容齐全舒适，且出行距离合适，将路途所耗时间尽可能缩短。

（2）休闲旅游领域建筑专业目标与需求

① 特色传统民居文脉要素传承需求

以有效利用特色民居资源促进乡村休闲旅游发展为目标，类型化分析湖南省传统民居文脉要素，对有价值的特色民居资源进行修缮整治管理，为新农村建筑风貌改造提供指导。传承传统文化，提升田园综合体的休闲旅游价值。

② 传统民居性能优化提升需求

调研发现，传统民居往往具有结构安全问题，通风采光防潮等物理性能也有待改善，不满足现代生活需求以及新农村生产经营功能模式。利用时应对其进行改造优化，保障结构安全，提升物理性能并增设宜居农村住宅所需要的功能空间。

（3）田园社区领域建筑专业目标与需求

① 社区建设不足与问题（建筑、公共空间、环境）

湘中地区案例村建筑存在的问题可概括为两方面：一方面是建筑内部空间品质有待提升，大多数厨房使用传统的烧柴灶台，排气排烟效果差，整体脏乱差；另一方面是建筑内部空间功能组织有待提升，主要针对不满足农业生产功能的新建建筑以及农家乐经营户展开，使得建筑满足农村日常使用功能的同时实现现代化品质提升。

兼生产经营的农村住宅中大多设有生产经营的配套房间，其中加工、售卖空间一般利用家中空房，功能布局、空间品质需要一定提升。对于功能空间的需求除了同样的厨卫改造更新以外主要是加建改建餐饮及民宿空间，以达到现代人居环境的舒适度标准。

无论农业型还是农业＋旅游型的城郊融合型乡村，都存在社会关系衰退的现象。一方面，因为村民忙于生计，基本为外出打工，逢年过节才返乡；另一方面，留守在村里的老人小孩也因为没有足够的公共活动场地而减少交往。如何在现代化转型发展中重塑乡村人地关系，满足人们的精神和活动需求是重构乡村生活空间的核心。

② 需求分析

根据问卷调查可知村民对于不同生活空间的需求主要包括：a.厨卫改造更

新，部分农户希望加建农业生产相关空间；b. 亟须完善的公共活动场地，如广场（篮球场）和公园；c. 亟须公共服务设施如公交站点、快递点、便利店；d. 希望能够保护现有的山水田园环境，流转的农用地能够保持耕种属性不变。

2. 河南省

（1）现代农业领域建筑专业目标与需求

① 农业园区建设需求

调研的村庄农业生产经营模式还是以家庭承包、种田大户承包为主。只有信阳董桥村有一个农业园区，其余村庄都没有。但调查结果显示，村集体均希望建设农业园区。

② 农业园区配套建设需求

通过调研发现河南省农业园区普遍存在产业链条不全的问题，仍然以传统的农业种植为主，缺乏产品加工、仓储物流等产业延伸链条，导致农产品附加值低；同时农业园区建筑配套不足，缺少农产品生产加工空间、展示销售空间和仓储物流空间，并且缺乏农民技能培训空间以及生活服务空间。董桥村灵丰园生态农业园，已建成葡萄水果种植大棚，主要进行水果售卖和采摘，没有配套建设加工、储存、销售空间。

③ 农业园区配套建筑指标体系指导

因为河南省农业园区建筑配套不足，不仅需要加强现代农业、职业农民配套建筑的建设，更需要运用现代农业、职业农民配套建筑指标体系进行建设指导。

（2）休闲旅游领域建筑专业目标与需求

① 目标

有效利用特色民居资源，促进乡村休闲旅游业发展。调研的几个村子中均有传统民居的分布，但只有李渡口村由于现阶段发展旅游产业的需求进行了修缮改造工程，可以看到传统民居对于其休闲旅游的地域特色性具有极大帮助，并且可以节约资源、传承传统文化。在调研问卷的统计中也可以发现大多数村民认为本村吸引游客来旅游的原因主要是村落环境和老房子。因此，通过指导既有民居的改造或者加建，可以提升田园综合体的休闲旅游价值，同时取得传承传统文化的社会效益。

② 需求

通过对特色民居建筑进行类型化分析，梳理空间形制、材料装饰等方面的共性规律，保留修复有价值的民居要素。加固既有建筑保障结构安全；优化提升民居性能，改善人居环境。

（3）田园社区领域建筑专业目标与需求

① 居住建筑生活、生产、生态功能空间需求

纯居住的农村住宅中卧室和客厅的空间质量基本可以满足舒适度需求，较少单独划分餐厅空间；卫生间和厨房质量较差，大多在院内加建，甚至有一些农宅不具备这两项功能空间，仅在屋内角落摆放炊具并使用村内公共厕所。对于功能空间的需求主要是厨卫改造更新。

兼生产经营的农村住宅中大多设有生产经营的配套房间，例如炒茶加工间、药材售卖间、农家乐餐饮空间、民宿房间等。其中加工、售卖空间一般利用家中空房即可，调研村民的农家乐餐饮空间加建在院内，空间质量需要一定提升。对于功能空间的需求除了同样的厨卫改造更新以外主要是加建改建餐饮及民宿空间，以达到现代人居环境的舒适度标准（图1-94）。

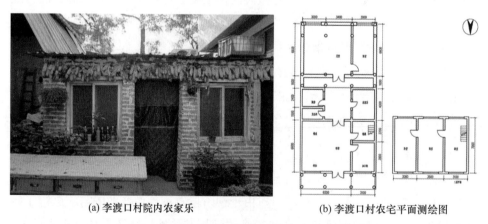

(a) 李渡口村院内农家乐　　　　(b) 李渡口村农宅平面测绘图

图 1-94　李渡口村农宅

② 节能技术需求

调研发现河南省农村住宅普遍存在建筑结构整体性差、建筑风貌单一、保温隔热措施薄弱，以及舒适性差的问题。因此需要进行建筑节能改造，豫北、

豫中地区提高围护结构热工性能，调节通风和遮阳措施；豫南地区提高围护结构热工性能，加强通风和遮阳措施。

③ 装配技术需求

2019年《河南省钢结构装配式住宅建设试点实施方案》获住房城乡建设部正式批复同意，鼓励农村住房优先采用钢结构。豫北修武宰湾村、大南坡村改建、新建建筑已经采用了钢结构建造体系，示范工程云武堂运用了集成装配卫生间建造技术。钢结构装配式建筑具有优于传统建造方法的特点，还需在农村进行推广应用（图1-95）。

(a) 宰湾村加建钢结构连廊　　　　　　　(b) 大南坡村新建轻钢结构建筑

(c) 云武堂集成装配卫生间样式

图 1-95　装配式建造技术应用

3. 江西省

（1）现代农业领域建筑专业目标与需求

① 农业园区建设需求

调研的村庄农业生产经营模式还是以家庭承包、种田大户承包为主，调查显示，村集体均希望建设农业园区。

② 农业园区配套建设需求

通过调研发现，农业园区普遍存在产业链条不全的问题，仍然以传统的农业种植为主，缺乏产品加工、仓储物流等产业延伸链条，导致农产品附加值低；同时农业园区建筑配套不足，缺少农产品生产加工空间、展示销售空间和仓储物流空间，并且缺乏农民技能培训空间以及生活服务空间。

③ 农业园区配套建筑指标体系指导

因为农业园区建筑配套不足，不仅需要加强现代农业、职业农民配套建筑的建设，更需要运用现代农业、职业农民配套建筑指标体系进行建设指导。

（2）休闲旅游领域建筑专业目标与需求

① 特色传统民居文脉要素传承需求

以有效利用特色民居资源促进乡村休闲旅游发展为目标，类型化分析江西省传统民居文脉要素，对有价值的特色民居资源进行修缮整治管理。传承传统文化，同时提升田园综合体的休闲旅游价值。

② 传统民居性能优化提升需求

针对传统民居结构不安全、采光通风等物理性能较差、功能空间不符合现代健康舒适人居需求等问题，对传统民居进行优化改造。加固既有建筑支撑结构及围护结构，结合利用被动设计策略与新兴技术产品改善自然通风采光，增设宜居农村住宅所需要的功能空间。提升田园建筑性能，改善使用环境，提升休闲旅游价值。

（3）田园社区领域建筑专业目标与需求

① 居住建筑生活、生产、生态功能空间需求

纯居住的农村住宅中卧室和客厅的空间质量基本可以满足舒适度需求，较少单独划分餐厅空间；卫生间和厨房质量较差，大多在院内加建，甚至有一些农宅不具备这两项功能空间，仅在屋内角落摆放炊具并使用村内公共厕所。对于功能空间的需求主要是厨卫改造更新。

兼生产经营的农村住宅中大多设有生产经营的配套房间，例如加工间、售卖间、农家乐餐饮空间、民宿房间等。其中加工、售卖空间一般利用家中空房，

调研村民的农家乐餐饮空间加建在院内，空间质量需要一定提升。对于功能空间的需求除了厨卫改造更新以外主要是加建改建餐饮及民宿空间。

② 节能技术需求

调研发现农村住宅普遍存在建筑结构整体性差、建筑风貌单一、保温隔热措施薄弱，以及舒适性差的问题。因此需要进行建筑节能改造，重点提高围护结构热工性能，加强通风和遮阳措施。

③ 装配技术需求

2019年《江西省推进钢结构装配式住宅建设试点工作方案》获住房城乡建设部批复同意，确定南昌市、九江市、赣州市、抚州市、宜春市、新余市为第一批试点城市。2020年《江西省绿色建筑创建行动实施方案》要求装配式建筑新开工面积占新建建筑总面积的比例突破30%，因地制宜积极引导农村居民采用轻钢结构建造装配式住宅。钢结构装配式建筑优于传统建造方法，还需在农村进行推广应用。

4. 湖北省

（1）现代农业领域建筑专业目标与需求

① 农业园区建设需求

调研的村庄农业生产经营模式还是以家庭承包、种田大户承包为主。只有李家店村有一个农业园区，其余村庄都没有。调查显示，村集体均希望建设农业园区。

② 农业园区配套建设需求

通过调研发现，农业园区普遍存在产业链条不全的问题，仍然以传统的农业种植为主，缺乏产品加工、仓储物流等产业延伸链条，导致农产品附加值低；同时农业园区建筑配套不足，缺少农产品生产加工空间、展示销售空间和仓储物流空间，并且缺乏农民技能培训空间以及生活服务空间。西湾村生态农业园，主要进行水果售卖和采摘，没有配套建设加工、储存、销售空间。

③ 农业园区配套建筑指标体系指导

因为农业园区建筑配套不足，不仅需要加强现代农业、职业农民配套建筑的建设，更需要运用现代农业、职业农民配套建筑指标体系进行建设指导。

（2）休闲旅游领域建筑专业目标与需求

① 目标

湖北是荆楚文化的发祥地，楚文化的传统仍然深深地潜藏在湖北的民居建筑之中。应利用既有特色民居资源，传承具有荆楚文化特色的地域建筑风格，提升田园综合体的休闲旅游价值。

② 需求分析

传承特色民居建筑文脉要素。挖掘湖北民居的风格特色，类型化分析不同地区的不同特色，提取具有荆楚风格和地方特色的建筑符号，指导传统民居的文脉要素传承。

优化提升既有民居性能。调研发现，传统民居往往具有结构安全问题，通风采光防潮等物理性能也有待改善。利用时应对其进行改造优化，保障结构安全，提升物理性能并增设宜居农村住宅所需要的功能空间。

（3）田园社区领域建筑专业目标与需求

① 居住建筑生活、生产、生态功能空间需求

纯居住的农村住宅中卧室和客厅的空间质量基本可以满足舒适度需求，随州市凤凰山村新农村住宅统一设计了独立的餐厅、卫生间、厨房、存储空间，平面功能完善。绝大多数农村住宅则平面功能布局较差，卫生间和厨房大多在院内加建，对于功能空间的需求主要是厨卫改造更新。

兼生产经营的农村住宅中大多设有生产经营的配套房间，例如加工间、售卖间、农家乐餐饮空间、民宿房间等。其中加工、售卖空间一般利用家中空房即可，调研村民的农家乐餐饮空间加建在院内，空间质量需要一定提升。对于功能空间的需求除了同样的厨卫改造更新以外主要是加建改建餐饮及民宿空间，以达到现代人居环境的舒适度标准。

② 节能技术需求

调研发现农村住宅普遍存在建筑结构整体性差、建筑风貌单一、保温隔热措施薄弱，以及舒适性差的问题。因此需要进行建筑节能改造，重点提高围护结构热工性能，加强通风和遮阳措施。

③ 装配技术需求

2018 年《湖北省人民政府办公厅关于大力发展装配式建筑的实施意见》要求，到 2025 年，全省装配式建筑占新建建筑面积的比例达到 30% 以上，需要鼓励农村住房采用装配式建筑技术。钢结构装配式建筑具有优于传统建造方法的特点，还需在农村进行推广应用。

1.2.5 分析结论

通过对湖南、河南、江西、湖北四省一共 38 个案例村的问卷调研和实地踏勘，较为全面地掌握了赣豫鄂湘四省地区的农村建筑情况，发现存在以下共性问题。

1. 现代农业层面

（1）产业链条不全，现代农业发展滞后

大多数案例村主导产业仍然是农业，农业生产经营模式还是以家庭承包、种田大户承包为主，现代化、规模化农业发展落后；已经建设的农业园区普遍存在产业链条不全、配套设施不全、三产联动不足的问题，农产品附加值低，需要因地制宜地加强现代农业产业策划和规划。

（2）现代农业配套建筑不足，建筑功能不合理

许多农业园区普遍存在产业链条不全的问题，仍然以传统的农业种植为主，缺乏生产加工、仓储物流、产业延伸链条。导致农业园区建筑配套不足，缺少农产品生产加工空间、展示销售空间和仓储物流空间，并且缺乏农民技能培训空间以及生活服务空间。

2. 休闲旅游层面

（1）建筑风貌特色资源利用不足

调研案例村落大多保留了完整的传统格局，分布有一定的传统建筑特色资源。但只有部分村落由于现阶段发展旅游产业的需求进行了修缮改造工程，调研发现传统民居对于其休闲旅游的地域特色性提升具有很大帮助，并且可以节约资源、传承传统文化。一方面，目前乡村中传统民居建筑保护修缮缺乏管理、

欠缺科学支持，要达到促进乡村休闲旅游业发展的目的还需要更加有效地利用传统建筑特色资源。另一方面，乡村中很多新农村建筑的材料和形式较为随意，与乡村整体风貌不统一，缺乏相应的建筑风貌地域性特色改造指导。

（2）乡村既有建筑使用效率低下

大多数现有民居建筑保存较好，但部分功能品质仍需提升。一些年代较为久远的建筑结构安全难以保障、人居环境性能有限，不满足现代生活需求以及发展旅游产业所需要的功能模式。乡村闲置建筑产业化利用率低，应鉴定有价值的资源进行优化改造再利用。

3. 田园社区层面

（1）基础设施品质有待提高

调研村落基础设施建设基本齐全，其中基本所有村落都迫切需要改善污水处理设施和垃圾处理设施。

（2）公共设施数量匮乏

调研村落的公共服务设施数量和种类都亟待加强，其中大多数村落都迫切需要增加快递网点、游客服务中心、旅馆民宿。

（3）建筑性能、建造技术有待提高

调研村落住宅普遍存在建筑结构整体性差、建筑风貌单一、保温隔热措施薄弱、舒适性差的问题，需要进行建筑节能改造，提升建筑建造技术，推广运用钢结构装配技术、集成卫浴装配技术。

4. 地区性问题

四省也因为地域差异和经济发展水平差异，存在一些个性化的问题。

（1）湖南省

农产品附加值低，旅游产品单一，农旅未形成联动发展，产业配套设施与空间规划不足。农村发展中比较注重村容村貌整治，对产业发展规划考虑不足。湖南省在农业发展和田园社区层面相比于其他三省存在基础设施较薄弱、发展水平较低的现象，农业与生活基础设施的建设与完善将为未来田园综合体的发展奠定经济基础。湖南省具有一定的传统建筑资源，但部分传统民居内部质量较差需要更新改造；新农村建筑大多缺乏湖湘文化特色，部分不满足新生产经营模式的功能需求。

（2）河南省

豫北地区普遍存在水资源短缺的问题，较为落后的农业技术和水资源的供给不足限制了现代农业在作物产出量和质量提升环节的发展。严重污染的水体则在创造经济效益的同时损害了自然环境，迫切需要改善和增加污水处理设施。部分旅游型村落古建筑保存利用较好，但内部功能品质仍需提升，部分新建民居和公共建筑的建筑材料和形式使用较为随意，村落整体风貌有待规划整治。村落住宅普遍存在建筑结构整体性差、保温隔热措施薄弱、舒适性差的问题，需要提升建筑建造技术。

（3）江西省

江西省具有丰富的人文资源和自然资源，但仍以传统的农业、林业种植为主，产值较低，农业产业与休闲旅游脱节，需要延长产业链条，进一步完善现代农业休闲旅游环节的建筑配套，完善基础设施、公共服务设施、商业服务设施建设。江西省具有丰富的传统建筑特色资源，但新农村建筑的风貌有待提升，室内环境包括采光、通风性能有待提升。

（4）湖北省

湖北省水系发达，农业以传统的农业种植为主，辅助水产养殖。农业产业园区数量较多，需关注高标准农田建设，引入高新技术，着力培育农产品精深加工。湖北省作为我国中部自然资源条件优越的地区之一，其在休闲旅游层面存在开发类型单一、旅游产品附加值低等问题。建筑风貌方面缺乏统一规划，许多村庄的建筑风格不显著，没有体现当地建筑特色。

2 田园综合体建设模式及建筑分类

2.1 田园综合体建设特点及内容

田园综合体是一定地域范围内有产业基础、有资源特色、有发展条件的一个或数个自然村落，通过生产、生活、生态同步发展（三生同步），一、二、三产业相互融合（三产融合），农业、文化、旅游一体化发展（三位一体），而形成的一种乡村综合发展模式。

2.1.1 田园综合体建设特点

田园综合体具有建设内容综合化、参与主体多元化、发展模式混合化的特点。

（1）建设内容综合化。田园综合体建设包含生态环境、现代农业、休闲旅游、田园社区等内容，具体为生态景观风貌建设、产业园区建设、旅游景区建设、乡村社区建设以及配套服务设施建设。

（2）参与主体多元化。建设模式是由政府、企业及村民多方参与，其中包括了多元合作、共同建设、收益共享等层面的合理分配与联系。在多主体开发建设过程中，以政府为调控者，以企业为支撑，以农民为主力军，切实保障农民的核心地位，努力提高农民的收入水平。

（3）发展模式混合化。田园综合体将农村单一的农业发展聚居模式转变为以现代农业为主体，结合休闲文旅、田园社区，形成"农业＋居住＋文化＋旅游"的混合模式。

2.1.2 田园综合体建设内容

田园综合体建设涉及生态环境、现代农业、休闲旅游、田园社区等领域，建设内容多样化。

（1）生态环境是田园综合体发展的基础，是农村的特有优势，必须坚守生态保护原则。积极发展循环农业、立体农业，利用生态环保技术，形成绿色健康的发展模式，构建起乡村生态体系屏障，促进农村生态可持续发展。

（2）产业发展是田园综合体发展的导向。农业生产是农村发展的基础，田园综合体从发展产业生产入手，通过改善交通运输条件、优化种养基础设施建设、提高农民职业技能等方面，推动现代农业发展。

（3）服务设施体系建设是田园综合体发展不可或缺的一部分。公共服务设施和生产服务设施的完善健全程度以及产业服务平台的建设情况，都极大地影响着田园综合体的聚集及发展状况。

（4）社区建设是促进村民参与田园综合体建设的关键。伴随现代农业和旅游业的综合发展，村民通过土地、房屋等乡村资源获得直接收益，还能成为产业的主要就业者。而社区建设、居住环境改善整合能确保村民参与建设，确保建设不走样、收益不走样。

（5）运行管理模式是田园综合体能够长效运行的推动力。适宜的运行管理模式，才能使田园综合体发展更持久，协调好政府、企业、村集体组织及农民之间的关系，建立起合理的运行管理模式，形成合力，充分调动各方的积极性，共同推动农村发展振兴。

2.2 田园综合体建设模式

2.2.1 不同建设主导方下的五种建设模式

乡村建设按建设主导方的不同，可分为农户自建、企业开发、村集体组织、政府主导和多方参与、收益共享的五种建设模式。

（1）农户自建模式。农民依据其集体经济组织成员身份无偿取得宅基地后，自己出资，依据自身需求，自主组织施工或几户与施工队签订施工协议联合施工，对建成的房屋自己维护，自己管理，以及按照相关法律法规自行处置房屋。农户自建模式是新中国成立以来我国广大农村最主要、最普遍的住房发展模式，充分体现了使用者的建设要求，农户的参与程度最高。

农户自建模式缺乏村镇统一规划，导致农民在选址建房中，呈现零星分散、杂乱无序的状态。自建模式虽然在房屋单方造价和工期方面略低于统建，但很多农户对建筑质量等相关标准的理解较为薄弱，房屋在质量、安全、布局以及风貌等方面的不可控因素较多，并且建设行为是由民间组织发起的，因此决定了这种形式的社区建设在筹划资金上有一定的局限性，在基础设施建设的标准化和规模化上与政府主导建设的新农村存在一定的差距。

（2）企业开发建设模式。企业开发建设模式是由房地产企业为主导，开发建设乡村住宅社区。发挥城镇的辐射带动作用，由政府牵线、房地产企业出资，依据市场运作，对城镇周边村落进行统一规划、统一建设，进行环境整治和产业扶持。企业通过土地流转来完成对农村生产资料的置换，流转后的土地资源经过调整，建设农产品种养殖基地，农民以土地入股的方式，每年享有固定的股份红利，建立一套企业与农民协同发展的合作关系。

企业开发建设模式难以满足乡村住宅的个性化使用需求，大多数村镇住宅户型单一，一般只有2～3种，甚至只有一种。建筑颜色、格局、样式千篇一律，与周围环境不协调。农民虽然住上了与城镇住宅类似的楼房，但建筑缺少地域特点、缺少乡村住宅的特定功能空间。

（3）村集体组织建设模式。村集体负责组织专业技术人员制定村庄建设规划和住宅户型、样式选型。在统一规划的指导下，由村集体统一选址，把宅基地分配给有建房要求并符合相关条件的农户。农户按照规划要求，根据自身需求选取相应的住宅户型和样式，进行自主建设。按照村集体组织建设模式建设的乡村住宅多为独栋住宅和联排住宅，有平房，也有楼房。

通过村集体对建设进行管理能够统一规划和户型选型，住区环境、建筑样式和基础设施配套普遍优于普通的农村住宅。然而，村集体组织对农房建设的管理主要为前期管理，即在规划布局、建筑样式和建房申请的审批环节进行管理，但建设施工程序、工程质量把控都还是由建房农户自己把握，房屋在质量、安全、布局、工艺流程以及传统风貌等方面的不可控因素较多，建设的过程缺乏技术指导，存在结构体系混乱、无抗震设防、施工质量高低不一的问题。

（4）政府主导建设模式。各级政府依据国家及省市地方政策，进行资金筹集，并提供相关技术指导和宣讲，由县市、乡镇政府的相关部门、企业或村集体具体组织实施，对农村社区住宅统一规划、统一设计，然后统一建设或由农户按照规划、设计要求自主建设。统一建设竣工后，农户按之前与村集体或乡镇政府签订的协议取得住宅。按照政府主导建设模式建设的乡村住宅有多层、小高层楼房，也有独栋住宅和联排住宅。

此类乡村住宅通过统一规划、设计和建设，住区环境、建筑质量、建筑样式和基础设施配套普遍优于普通的农村住宅。但同时也存在一定的问题：在乡村建设方面，注重统一建设标准、统一建设模板，忽略了农户需求的个体差异和地区的建筑特色，造成规划单一、千村一面的建设格局；在组织管理方面，忽视了村民个体的搬迁意愿，农民按统一要求搬出老宅，住进新楼；在参与度方面，政府主导的建设模式，是从上到下指挥建设，规则的制定者为各级政府，实施者为相关政府部门、企业或村集体，农民的参与度却比较低。

（5）多方参与、收益共享的建设模式。乡村传统的建设模式按建设主导方的不同，分为政府主导、村集体组织、企业开发和农户自建四种类型。前文已经提出，田园综合体具有建设内容多元化、参与主体综合化和发展模式混合化的建设特点。第一，建设内容较传统的乡村住宅建设更为多样和复杂，涉及生态环境、现代农业、休闲旅游、田园社区等领域，包含生态景观风貌建设、产业园区建设、旅游景区建设、乡村社区建设以及配套服务设施建设等方面。第二，田园综合体发展的资本是乡村资源，村民以土地、房屋等乡村资源进行投资，成为田园综合体建设的重要参与者，同时综合体的建设离不开政府的政策调控和企业的资金技术支撑。第三，发展模式不再是单一的农业生产，而是一、二、三产业的融合发展和农业、文化、旅游的一体化发展。

综上所述，田园综合体的建设具有专业程度高、投资大、周期长的特点，因此只有政府、企业、村民等多方共同参与建设、合作共赢的模式才可以最大程度发挥各自的职能优势和特长，确保田园综合体建设的有序推进。

在多方参与的模式下，当地政府要发挥引导、服务和监督的作用，企业通过资金投入和技术优势带动农民集体和小微企业共同参与，农民集体经济组织通过土地或资产入股、经营权转让、土地出租等方式积极参与，获得可观的经济收益。多方主体形成合力，积极投身于综合体的开发建设活动。同时各个参与主体之间通过这个公平合理的利益联结机制，明确各主体的权利和责任，平衡各主体的利益，合理有序地分配收益（图 2-1）。

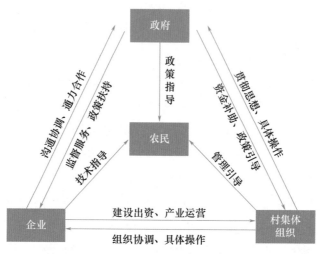

图 2-1 多方参与的建设模式

村民通过土地流转等方式将集体土地流转至村委会统一管理，村委成立专业合作社或专业公司。村委会组建的合作社或公司通过集体土地、集体资产等入股综合体开发建设公司，企业通过出资入股综合体开发建设公司，二者共同构成公司的主要股东。

通过多方参与构建的组织架构是由综合体开发建设公司进行统一建设和经营。在土地资源方面，首先在以集体土地入股综合体开发建设公司时，充分明确农民集体土地的权属，生态保护红线、永久基本农田、城镇开发边界三条控制线严格按照国土空间规划的要求进行划定，确保相关土地权益不被代替，保障农民土地财产权益。综合体开发建设公司通过统一流转农业用地，灵活处置所有权、经营权和承包权，确保土地使用规范合理，有序高效。在产业运营上，通过综合体开发建设公司平台，下设专业合作社或专业公司进行专门运作，同时鼓励原住村民有序开展个体经营活动，如民宿、农家乐、农庄等，进一步丰富综合体的经营体系，增加农民收入渠道。在收益分配上，按照公平合理的原则确认股份比例，明确各方的权利和义务，村集体或农民集体可派出代表，参与综合体日常建设和决策。鼓励统一营收，统一分配，充分调动各经营主体的积极性，发挥各产业之间相互协作的功能，形成更紧密高效的综合体。

2.2.2 不同产业定位下的五种建设模式

田园综合体按产业定位的不同，可分为优势农业主导、自然资源依托、历史文化引领、文化创意带动和市场需求引导五种建设模式。田园综合体的建设模式可以以其中一种为主导，也可以是几种模式的组合。

（1）优势农业主导模式

农业生产是农村发展的基础，在农业产业侧重的地区，以农业生产、产业加工为其核心功能，主要任务是保障基础农业、发展特色农业，同时兼具农业观光、乡村旅游等多重功能，该模式目前是田园综合体最主要的建设模式。围绕具有区域优势、地方特色的农业产业，升级农业，由传统种植业向高效农业、生态种植业升级；提升工业，从农产品生产、加工、销售、经营、开发等环节入手，推进集约化、标准化和规模化生产，打造优势特色农业产业园，着力发展优势特色主导产业带和重点生产区域。建设一批与农民建立紧密利益联系的新型农业经营主体，提高现代农业生产的示范引导效应，带动形成以发展优势农业为核心的田园综合体建设模式。

（2）自然资源依托模式

在区域生态环境良好、自然资源丰富，具有独特景观、优美山水、气候环境的乡村，充分利用乡村生态环境优良的显著优势，加强自然资源与乡村旅游的结合。根据乡村的具体情况，如果紧靠自然风景区，乡村整体可以跟周边景区进行捆绑发展，承接景区一定的补充游览功能，并做到有组织化的食宿接待；如果乡村本身就是景区，可以发展田园景观、农事体验、休闲旅游项目。该模式通常以区域内具备竞争优势的自然资源为前提，通过地域优势型自然资源的引领，进行典型旅游项目的建设，同时又对产业融合尤其是农业与旅游的融合发展给予关注。

（3）历史文化引领模式

历史文化名村、传统村落、少数民族特色村寨等历史文化特色资源丰富的乡村，它们是彰显和传承中华优秀传统文化的重要载体。通过统筹保护、利用与发展的关系，切实保护村庄的传统选址、格局、风貌以及自然和田园景观等整体空间形态与环境，加快改善乡村基础设施和公共环境，同时将老建筑赋予新功能，进行历史文化的更新和村庄活力的再生。该模式既合理发掘、利用乡村历史文化资源，发展乡村旅游品牌，同时结合区域内的地方特色产业，取长补短，形成大区域产业的有效衔接、协同发展。

（4）文化创意带动模式

该模式是以文化创意产业带动三产融合发展，着重地方特色文化挖掘。在发展核心区创造良好的文化创业环境，吸引投资、策划、建设、运营、管理团队加入，以文化创意企业的入驻为发展动力，以特色创意为核心，开发精品民宿、创意工坊、民艺体验、艺术展览等特色文化产品，形成独特的乡村文创产业链，塑造文化吸引力，发展乡村旅游产业。通过文化创意产业的引导，推动农旅结合和生态休闲旅游，形成产业、生态、文化、旅游融合互动的农旅型综合体。

（5）市场需求引导模式

该模式通常适用于各项资源相对均衡的区域，将消费群体的实际需求作为建设重点，通过满足市场需求，实现田园综合体的聚集。该模式通常位于区位交通优势明显的城郊乡村，面向城市周边的群体，通过创意性的开发来打造多元化休闲游憩空间，以田园风光和生态环境为基础，为城乡居民打造一个贴近自然、身心怡然的聚居地和休闲区，同时借助与城市之间生活和经济的互动，加强基础设施建设，形成一个以田园生活、田园体验为主要特色的生活型综合体。

2.3 田园综合体建筑分类

田园综合体是集现代农业、休闲旅游、田园社区为一体的乡村综合发展模式，是在城乡一体格局下，顺应农村供给侧结构性改革、新型产业发展，结合农村产权制度改革，实现中国乡村现代化、新型城镇化、社会经济全面发展的一种可持续性模式。田园综合体的发展模式属于农业＋文旅＋社区的综合发展模式。

根据农业＋文旅＋社区的发展模式，田园综合体所包含的建筑类型可以划分为现代农业建筑、休闲旅游建筑和田园社区建筑三大类。现代农业建筑包括生产建筑、生产服务建筑；休闲旅游建筑包括旅游建筑、旅游服务建筑；田园社区建筑包括居住建筑、公共服务建筑。同时现代农业、休闲旅游和田园社区三类建筑相互交叉渗透，形成产业延伸、产业配套与商业服务建筑类型（图2-2）。

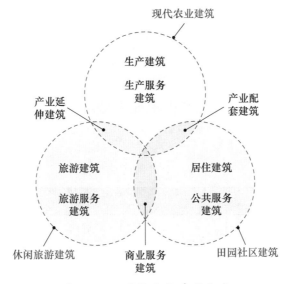

图2-2　田园综合体建筑分类

现代农业建筑主要是开展农业生产及配套服务的建筑类型，包括生产建筑、生产服务建筑。生产建筑是与农业生产密切关联的建筑设施，包含种植园、养殖场、温室大棚、加工厂房、信息机房、仓储物流、检验检疫站等建筑类型。而生产服务建筑是为生产活动提供服务的配套设施，包含生产服务、行政办公、信息中心、商贸会展、研发培训、科普宣传等建筑类型。

产业延伸建筑作为现代农业与休闲旅游建筑相交叉的建筑形式，是第一产业、第二产业向第三产业延伸的产业配套设施，包含观光采摘园、科普宣传园、农事体验园、户外拓展园、度假康养园等融合型建筑空间，既具有生产功能又兼具休闲旅游功能。

休闲旅游建筑主要是第三产业发展配套的建筑类型，包括旅游建筑、旅游服务建筑。具体的建筑类型涉及旅馆、民宿、餐饮、停车等休闲旅游配套设施。

商业服务建筑作为休闲旅游与田园社区建筑交叉延伸的建筑类型，既是第三产业发展的配套建设，又是完善田园社区不可或缺的配套建设，建筑类型包含商店、超市等。

田园社区建筑包括居住建筑、公共服务建筑。居住建筑为当地居民的农宅，公共服务设施是为居民提供公共服务的配套设施，包含医疗、教育、文化、社会福利、行政管理等建筑类型。

产业配套建筑是生产空间向生活空间过渡的建筑类型，包含职业农民培训教室、实训基地、创业中心、培训服务等既服务于生产又具有生活性质的建筑类型（表2-1）。

表2-1　田园建筑类型

建筑类型	细分类型	建筑设施
现代农业建筑	生产建筑	种植园（养殖场）
		温室大棚
		加工厂房
		信息机房
		仓储物流
		检验检疫站
		……
	生产服务建筑	生产服务
		行政办公

建筑类型	细分类型	建筑设施
现代农业建筑	生产服务建筑	信息中心
		商贸会展
		研发培训
		科普宣传
		……
	产业延伸建筑	观光采摘园
		科普宣传园
		农事体验园
		户外拓展园
		度假康养园
		……
休闲旅游建筑	旅游建筑	旅馆、民宿
		餐饮中心
		……
	旅游服务建筑	游客中心
		停车设施
		……
田园社区建筑	商业服务建筑	商店、超市、集市
		娱乐中心
		……
	公共服务建筑	医疗建筑
		教育建筑
		文化建筑
		社会福利建筑

建筑类型	细分类型	建筑设施
田园社区建筑	公共服务建筑	行政管理
		……
	居住建筑	农宅
		……
现代农业建筑	产业配套建筑	教学建筑
		实训基地
		创业中心
		服务建筑
		……

2.4 建筑空间关联模式

田园综合体包含现代农业建筑、休闲旅游建筑和田园社区建筑以及产业延伸、产业配套与商业服务建筑等几大类建筑。每种建筑类型并不是独立存在的，它们之间具有相互关联的空间关系。我们针对田园综合体中的居住建筑、生产建筑与公共建筑之间的空间关联关系进行了研究。

2.4.1 居住建筑空间关联模式

居住建筑是以居住功能为主的乡村住宅，乡村住宅不同于城市住宅，除去居住空间，还具有生产空间和自然生态空间，因此乡村住宅包含生活、生产、生态三部分功能空间。

生活空间包括堂屋（起居室）、卧室、厨房、餐厅、卫生间等基本生活空间，还包括客卧、书房、门厅、过厅、阳台、楼梯等附属空间。生产空间根据农户类型进行分类，农户类型包含农业型、商业型、综合型和职工型四类。农业型的生产空间包括农具库房、作物库房、禽畜圈所、车库等。商业型的生产空间根据所从事的商业类型确定，从事民宿餐饮行业，生产空间包括公共客厅、客房、厨房、餐厅等；从事小型加工、手工艺、百货经营，生产空间则包括小型作坊、工作室、店铺、小型库房等。综合型的生产空间兼有农业型和商业型两类空间特征，但规模较小、数量较少。职工型的生产空间以居住功能为主。生态空间是指在住宅界限范围内的室外空间，包括花园、菜园、庭院、晒场、天井等空间。

乡村居住建筑空间关联模式要将生活、生产、生态三部分空间串联起来。生活空间位于住宅的核心部位，包含堂屋（起居室）、卧室、厨房、餐厅、卫生间等基本生活空间，以及客卧、门厅、过厅、阳台、楼梯等附属空间。生产和生态空间联系相对密切，可临近住宅主入口或次入口布置。不同的农户类型，具有不同的生产特点，其生产和生态空间属于基本空间还是附属空间也不尽相同（图 2-3）。

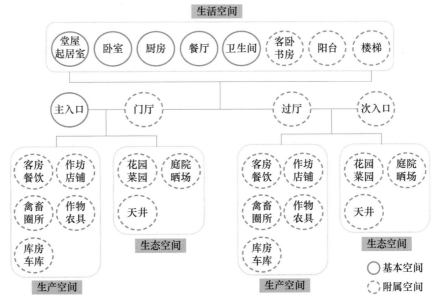

图 2-3　居住建筑空间关联模式

2.4.2 生产建筑空间关联模式

广义农业产业链包含生产资料供应、农产品生产养殖、农副产品加工、保鲜、冷藏物流和农产品销售五个流通环节。生产建筑是供人们从事农林牧副渔业生产、加工用的建筑，依据广义的农业产业链条，生产建筑包含种植养殖、产品加工、仓储物流、生产附属四部分功能空间（图2-4）。

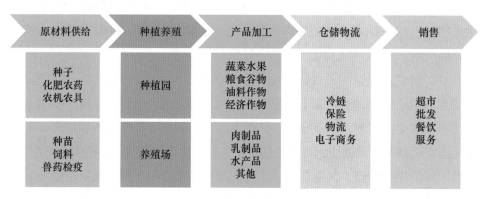

图 2-4　广义农业产业链

种植养殖部分包括种植园、养殖场等建筑，产品加工部分包括产品加工厂房等建筑，仓储物流部分包括库房、配送中心等建筑，生产附属部分包括种子库、化肥农药库、农机站、种苗站、饲料库、兽医检疫站等建筑。

生产建筑空间关联模式中，生产养殖空间和产品加工空间联系密切，作为一个整体位于生产链条的核心部位，并与生产附属空间和仓储物流空间联通。

2.4.3 公共建筑空间关联模式

公共建筑包含公共服务设施和生产服务设施配套，公共服务设施功能空间包含公共管理、教育、医疗卫生、社会福利和文体五部分，与居住建筑联系密切。

生产服务设施配套既包括为生产加工提供配套服务的建筑，也包括为发展文旅产业而建设的建筑。功能空间包含展示销售、研发培训、行政办公、后勤服务和文旅配套五部分。

展示销售空间包括商贸交易、会展中心、科普研学等建筑，研发培训空间包括产品研发中心、员工培训中心等建筑，行政办公空间包括行政办公中心等建筑，后勤服务空间包括住宿、餐饮、文化、商业、创业等建筑，文旅配套空间包括采摘园、康养园、户外拓展、农事体验等休闲旅游功能建筑。

公共建筑空间关联模式中，生产服务设施作为生产加工的配套，与生产建筑空间联系密切；同时文旅配套空间与展示销售空间在功能配置上有着相互嵌套的关联关系（图2-5）。

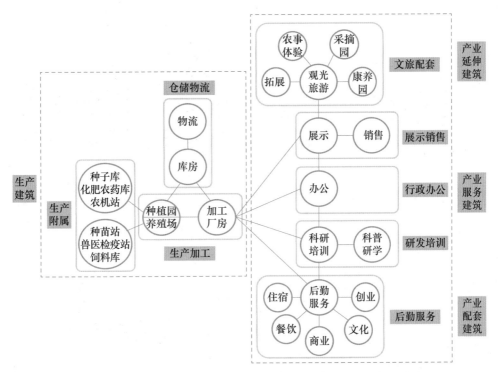

图 2-5　生产建筑、生产服务建筑与公共建筑空间关联模式

3

田园农业配套建筑设计指标

3.1 概述

我们发现目前大部分乡村仍然以传统的农业种植为主，未形成规模化的现代农业生产模式。许多农业园区配套设施支撑不足，缺少农产品生产加工空间、展示销售空间和仓储物流空间，并且缺乏农民技能培训空间以及生活服务空间。

调研统计显示，四省农业园区的经营者普遍希望能够将农业生产、加工、包装、运输、研发及销售等环节所需空间与现状空间进行整合，完善产业配套建筑；同时经营者也希望农业基地能够充分开发旅游功能，形成集生产、生活、生态功能为一体的功能复合体。

我们针对华中四省农业配套方面普遍存在的问题与需求，梳理农业配套建筑需求及组织逻辑，构建田园农业配套建筑设计指标体系。希望通过这项研究为田园综合体、农业园区的配套建设提供技术支持和参考，健全完善配套设施建设，在一定程度上弥补农业领域建筑专业的研究缺失。

3.2 赣豫鄂湘四省农业现状及案例分析

3.2.1 四省农业现状

江西、河南、湖北、湖南省平原区及其外围丘岗地区，调研村内土地资源丰富，人均耕地占有量较林地和水塘要高。土壤肥沃，地势起伏度低，地理条件优越，除个别村庄因劳动力不足和水利设施不完善出现用地荒废现象外，其余村落耕地与林地利用效率都比较高；各村交通运输比较便利，农业劳作历史悠久，耕种基础较好，具备基本的农业发展条件。但在豫北、鄂西的中高山区，耕地分布零散，土地贫瘠，缺乏水资源，农业耕种条件较差。

四省农产品种植主要为水稻、小麦、玉米等粮食作物和果蔬等经济作物，部分村庄也发展畜牧业与渔业。农产品销售形式以自产自销为主，农产品主要用于日常食用，富余的农产品才会放于集市零售。农业管理多以家庭承包与种田大户承包为主，并根据实际情况结合农业合作社集体经营。部分村庄建有生态农业园，但均处于起步探索阶段。

总结以上方面，目前华中四省农业生产存在以下几个共性问题：a.部分地区土地资源利用效率不高、农产品种类较为单一；b.农业生产方式较为传统，停留在产业链原料供给的最低端，与二、三产业联系不紧密，产值较低；c.资金不足，技术不足，农产品特色不突出；d.部分村落的水利设施、耕作设施等农业基础设施不齐全；e.大部分村落未形成规模化的农业管理模式，缺少农业配套建设；f.部分地区的优势产品依靠传统方式作业，一定程度上制约了产业的科技化、集群化发展；g.对产业文化开发不足，导致产业融合不足、品牌特色不突出。

3.2.2 四省农业园区案例分析

1.吉州区现代休闲农业示范园配套建设

吉州区现代休闲农业示范园位于江西省吉安市吉州区兴桥镇麻下水库，园区北有钓源古村 4A 级风景区，南靠禾河到赣江，东临井冈山国家农业科技示范园，西接省道吉福公路，距吉安市区 16km。陈昊在其硕士论文《基于地域文化营造的江西省休闲农业园规划研究——以吉州区现代休闲农业示范园总体规划为例》中，对吉州区现代休闲农业示范园的总体规划进行了详细介绍。

（1）现状优势

吉安市快速便捷的立体交通网络已经形成，构成了水、陆、空"三路并进"的立体交通网络，地理位置优越，交通便利。园区建设所在地已进行了初步的产业规划，形成了粮油、蔬菜、苗木、果业、畜禽、水产和休闲农业等主导产业，同时园区引进了若干发展状况均较好的企业主体。园区内的水产养殖、特色水稻、蔬菜、水果等有一定的发展史，钓源古村的资源优势，在区域内乃至吉安市旅游规划发展中都已经有良好的基础，其特色鲜明的产业为园区现代化农业的发展和休闲农业旅游的开发奠定了很好的基础。

（2）项目规划

吉州区现代休闲农业示范园，根据整个园区场地用地性质、场地产业现状以及园区内所特有的地域文化景观营造，将整个园区分为五大功能区域：精品苗木展示区、休闲度假养生区、古村风情体验区、特色水果示范区以及现代农林产业区（图3-1、图3-2）。

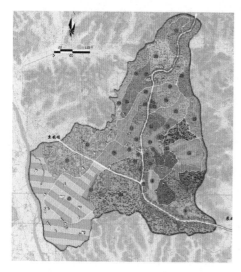

图3-1　总平面图

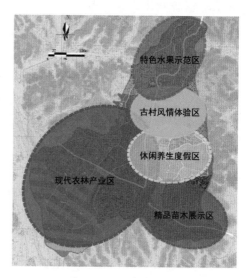

图3-2　功能分区图

（3）配套建设

园区建设包含龙脑樟种植产业区1000亩，井冈蜜柚种植产业区3000亩，花卉苗木景观区700亩，四季果蔬菜大棚种植区100亩，时令蔬菜种植区380亩，水产养殖垂钓区40亩，已建成农业科技培训楼1453m²，位于麻下水库旁以休闲娱乐为主的福容台湾园正在建设之中（表3-1）。

依据园区规划及建设内容，充分满足农业休闲观光园以农业为基础的乡村旅游的需求，分别设置了种养等基本生产建筑，展示销售等生产服务建筑，游客中心、观光休闲康养等产业延伸建筑（表3-2）。

表 3-1　规划建设项目

规划分区	面积	主要建设内容
精品苗木展示区	4200 余亩	入口服务中心、名贵花卉苗木博览园、观果体验园、芳香植物园、田园花海、十里樱花长廊等
休闲度假养生区	6200 余亩	私人定制农场、创意农业园、金鑫果蔬种植园、农耕文化园、农业科普长廊野果野蔬园、生态新村建设示范点、吉源湖、湖洲养生半岛、森林怡养园、养生蓝莓园、生态湿地景观、福容台湾园、国药养生园等
古村风情体验区	2000 余亩	钓源古村、钓源庄山新村、庐陵农耕民俗文化馆、民俗农产品展销一条街等
特色水果示范区	6000 余亩	井冈蜜柚产业园、四季水果种植园（如柑橘、石榴、金橘、李子、猕猴桃、葡萄、柿子、杨梅、蟠桃等）
现代农林产业区	7600 余亩	绿色（有机）蔬菜园、龙脑樟产业园、食用菌生产基地、优质苗木产业园、名贵苗木交易展示中心、高标准农田示范园、有机水产养殖园等
合计	约 2.6 万余亩	

表 3-2　吉州区现代休闲农业示范园配套建筑分类

建筑分类	配套建筑
生产建筑	粮食、水果、蔬菜、食用菌、苗木种植园
	花卉、育苗温室大棚
	水产养殖园
生产服务建筑	行政办公
	苗木交易中心
	农产品展销中心
产业延伸建筑	游客服务中心
	观光园

建筑分类	配套建筑
产业延伸建筑	采摘园
	农耕文化馆
	民俗文化馆
	台湾园
	国药养生园
	森林怡养园
	餐饮
	住宿

2. 云武堂配套建设

云武堂地处河南省焦作市修武县七贤镇回头山村，总占地面积43亩，建筑面积27931.63m²（图3-3、图3-4）。

图 3-3　云武堂鸟瞰效果图

图 3-4　云武堂实景航拍图

（1）现状优势

交通条件便利，修武县处于郑州、新乡、焦作三个城市的中心地带，济东高速、郑焦高速、郑云高速、新月铁路穿境而过；内部道路 S233 省道已修通，从云台山五家台服务区可直达云武堂酒店。

所在地旅游资源丰富，主要有云台山和青龙峡景区。云台山为世界级地质公园和国家 5A 级旅游景区，是一处集太行山岳、峡谷地质地貌景观和悠久的历史文化为一体的科普生态旅游知名景区。

周边农产品种植基地较多，金谷园种植基地是修武县益源农林合作社新建的以有机水稻种植为主的新型生态休闲观光农业庄园，打造有机富硒水稻；中国农科院葡萄种植基地，建设 200 亩的采摘果园，种植葡萄、桃树、石榴、晚秋黄梨、核桃等；南庄村占地 80 亩的五里源乡绿园生态农业体验中心，种植"彩虹西瓜""蜜宝甜瓜"、番茄、豆角、青椒、茄子等；一斗水村建设玉米小米基地，云武堂实时收购其农产品，并对农产品进行销售。产业集聚区位于修武县南部，以食品和农副产品加工业、纺织业、铝工业为主导产业。聚龙粮食专业合作社，位于修武县高村乡东黄村，主要负责农作物新品种、新技术推广及培训，为社员提供农业生产资料（图 3-5）。

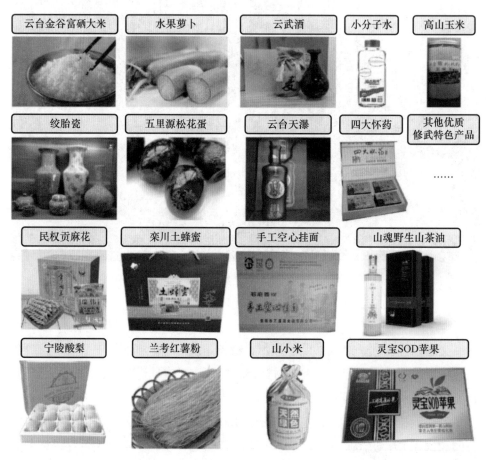

图 3-5　周边农产品

（2）存在问题

修武县现有耕地面积 36.9 万亩，其中基本农田保护面积 32 万亩，人均耕地面积 1.33 亩，低于全国人均耕地 1.52 亩。人均耕地少，耕地后备资源不足；传统农业比重大，现代农业建设薄弱，水利灌溉设施严重不足；生产成本高，农民收益少；产业带动力不强，农产品缺少展示窗口和销售渠道等问题制约了现代农业的发展。

（3）项目规划

云武堂园区规划由特色酒店及核心配套组成，特色酒店包含花园酒店及院落客栈、核心配套包含文化、养生配套宁邑馆、商业配套覃怀馆。

修武县一、二产业发展相对均衡，但农产品缺少展示窗口和销售渠道，并且县域范围内缺乏农民技能培训机构。针对短板，借助云武堂在云台山风景区的客源优势，设置美好生活产品陈列馆，并在云武堂南侧武术学校，配置职业农民培训机构（图3-6、图3-7）。

图3-6 总平面图　　　　　　　图3-7 功能分区图

（4）配套建设

配套设施既能发挥地域的资源优势，又能解决县域范围内农产品缺少展示窗口和销售渠道，缺乏农民技能培训机构的问题。园区规划建设展示销售、农民培训、观光休闲等生产服务、产业延伸类农业建筑配套。农业种养、加工、物流类生产性的建筑设施可与周边种养基地、产业聚集区联合发展（表3-3）。

表3-3 云武堂配套建筑分类

建筑分类	配套建筑	备注
生产建筑	种植园、养殖场	与周边种养、加工、物流基地联合发展
	温室大棚	

建筑分类	配套建筑	备注
生产建筑	加工厂房	与周边种养、加工、物流基地联合发展
	冷链、仓储	
	物流配送	
	种子、种苗、饲料、化肥农药库	
	农机站	
	检验检疫	
生产服务建筑	行政办公	
	后勤服务	
	农民培训中心	
	会议报告厅	
	美好生活产品陈列馆	
	商贸销售	
产业延伸建筑	太极文化馆	
	书吧	
	养生餐厅	
	酒店客栈	

3. 赤壁三维田园综合体配套建设

赤壁三维田园综合体位于赤壁市官塘驿镇西湾村，位于赤壁市和咸宁市之间，距离两地均约 20km。用地在官塘驿镇东北方向，距离镇中约 5km。北邻107 国道，规划用地面积约 10200 亩（图 3-8）。

（1）现状优势

①区位优势，赤壁位于湖北省南部，东靠赣北、北依武汉、南接岳阳、西北与江汉平原隔江相望，自古"陆扼潇湘咽喉，水控江夏通衢"，发挥着南北交通要冲的重要作用。②交通优势，京珠高速公路、武广高速铁路、107 国道

图 3-8 赤壁市官塘驿镇西湾村航拍图

穿城而过,万里长江绕城东流,陆水河、睇河、汀泗河穿境而过。③资源优势,赤壁人文、历史、自然资源丰富,拥有以三国赤壁文化、青砖茶文化为代表的文化底蕴,以陆水湖、五洪山温泉带为典型的山水生态,以莲、果、竹、樱、渔为主的农业基础,素有楠竹之乡,茶叶之乡、苎麻之乡、猕猴桃之乡、鱼米之乡的美称,为发展绿色生态产业奠定了资源基础。④旅游优势,咸宁市共有 4A 级景区 10 个(赤壁三国古战场、国家级风景区九宫山、湖北省地质公园——隐水洞、潜山国家森林公园等),3A 级景区 12 个,2016 年全市接待游客达 4750 万人次。

(2)存在问题

西湾村种植作物以水稻和草皮为主,种植规模较小,平均每户只有数亩,以自己食用和拉往集市售卖为主,且售出价格偏低。养殖结构主要由散户养鸡养鸭以及小龙虾养殖构成,没有形成规模养殖。总体来说,西湾村有资源但无开发,存在产业体系不够合理、配套设施缺失等问题。

(3)项目规划

项目定位是以赤壁市官塘驿镇的山水景观为依托,突出产业特色、挖掘民俗文化、盘活生态价值,构建以健康、舒适、愉悦和谐的慢生活体验为目标的田园生活区。

赤壁三维田园综合体规划用地面积约 10200 亩，划分为农业园区风光带、农业旅游风光带和田园生产风光带三个主体框架。其中农业园区风光带包含冷链物流及农产品批发市场、标准厂房；农业旅游风光带包含家训园、温泉康养小镇、村民还建小区、商服配套街区、亲子乐园以及汽车露营地；田园生产风光带包含设施大棚（花卉种植）、猕猴桃种植示范区、中药材种植示范区、蔬菜种植认领示范区、稻虾共养示范区、养鱼示范园区、热带观赏鱼孵化及养殖园区、乐享果玩园区（图 3-9、图 3-10）。

图 3-9　总平面图　　　　　　图 3-10　功能分区图

（4）配套建设

赤壁三维田园综合体，总建筑面积 609030m²，其中温泉康养小镇生活配套区占地 250.9 亩，建筑面积 58570m²；村民还建小区占地 102.6 亩，建筑面积 73520m²；农业园区风光带占地 373.58 亩，建筑面积 301580m²；家训园区占地 192.26 亩，建筑面积 24360m²；温泉康养小镇一区占地 146.5 亩，建筑面积 80400m²；温泉康养小镇二区占地 167.44 亩，建筑面积 50700m²；中医堂区占地 25.33 亩，建筑面积 19900m²（表 3-4）。

依据园区规划及建设内容，整个园区建设种养加工、仓储物流等基本生产建筑，行政办公、后勤管理、商贸销售等生产服务建筑，民俗文化、观光康养等产业延伸建筑（表 3-5）。

表 3-4　规划建设项目

规划分区	主要建设内容	建筑配套
农业园区风光带	冷链物流	冷链仓库、普通仓库、物流配送
	农产品批发市场	批发市场
	标准厂房	标准厂房
农业旅游风光带	温泉康养小镇	酒店、康养小院、后勤用房、设备用房
	家训园	展厅、服务用房、设备间
	村民还建小区	住宅、商店、物业服务用房
	商服配套街区	商店、餐饮、酒店、后勤用房、设备用房
	中医堂	中医堂、管理用房
	汽车露营地	
田园生产风光带	设施大棚（花卉种植）、猕猴桃种植示范区、中药材种植示范区、蔬菜种植示范区	花卉、水果、药材、蔬菜种植园
		温室大棚
	稻虾共养示范区、养鱼示范区、观赏鱼孵化及养殖园区	水产养殖场
	乐享果玩园区	亲子乐园、科普拓展、采摘园

表 3-5　赤壁三维田园综合体配套建筑分类

建筑分类	配套建筑
生产建筑	花卉、水果、药材、蔬菜种植园
	水产养殖场
	温室大棚
	标准厂房
	冷链仓库、普通仓库
	物流配送

建筑分类	配套建筑
生产服务建筑	行政办公
	后勤、设备、服务用房
	批发市场
产业延伸建筑	酒店、康养小院
	家训园
	汽车露营地
	中医堂
	采摘园
	科普拓展
	拓展基地
	亲子乐园
	餐饮
	商店

4. 凯佳生态农业园配套建设

凯佳生态农业园地处湖南省岳阳市湘阴县金龙镇燎原村，距长沙30min车程，距金龙镇区5min车程，区位条件优越。燎原村以大棚生产、葡萄种植，生猪、水产养殖等农业为主导产业，周边村庄存在花卉基地，中药材种植，区域内产业发展态势良好（图3-11）。

（1）现状优势

燎原村土质肥沃，全村无大型污染源，农家肥料充足，使用化肥农药的水平较低，发展绿色农业种植具备很好的资源条件；周边村庄存在花卉基地，中药材种植，区域内产业发展态势良好；其交通条件便利，距离湘阴县城约18km，距长沙黄花国际机场仅1.5h车程。燎原村可依托其便利的交通优势、特色无公害农产品优势大力发展现代农业。示范基地客源地主要集中在1h

图 3-11　凯佳生态农业园航拍图

交通圈，80% 游客来自长株潭地区，周边游频率高、旅游需求大，为田园综合体打造提供了基础。

（2）存在问题

现代农业是包含科学种养、生产加工、产品物流和商贸服务的全链条产业体系。燎原村开发了湖南凯佳生态农业园，主要种植水稻、葡萄等农作物，农作物种植良好，但后续的农产品生产加工、产品物流和商贸服务发展滞后，农产品的后续加工和销售渠道都有待发展和拓宽。

（3）项目规划

园区规划结构分为双核五区，双核：①中心文旅核、②农业发展核；五区：①农旅综合服务区、②现代农业示范区、③生态宜居区、④生态养生体验区、⑤植物观赏区。

中心文旅核由现状康养度假服务中心及周边的服务配套组成，为基地的核心位置。农业发展核由农业产业园一期大棚生产基地、服务配套组成，为一期的农业发展核心位置。农旅综合服务区由现状康养度假服务中心、葡萄种植基地构成，为片区发展重点区，面积 39.66hm^{2*}。现代农业示范区以发展现代农业

---

* hm^2：1hm^2=1 公顷。

为主导的片区，面积 93.74hm²。生态宜居区由现状居民点构成，通过人居环境提质改造为生态宜居生活区，面积 28.96hm²。生态养生体验区是由部分鹅形山风景区组成，供人们徒步、骑行、露营的原生态森林区域，面积 97.54hm²。植物观赏区由部分鹅形山森林公园组成，植物种类繁多，面积 76.59hm²。

（4）配套建设

湖南凯佳生态农业园示范基地，大力发展特色果蔬种植业、高效水稻种植业、葡萄酒酿造业以及休闲观光体验式农业，形成"特色种植产业和特色风景游览于一体"的产业示范区。

一产以水稻、葡萄种植和生猪养殖等原生态农业为主导，基地范围内配置大棚生产面积 2.89hm²，葡萄种植 6.5hm²。

二产以葡萄酒酿造为主，融合发展农产品仓储物流。按生产需求可配套建设葡萄酒酿造厂房、农产品及加工品存储仓库，包含储酒仓库、葡萄存储冷库及稻谷晒场等场所。

三产以商贸服务为主，按服务需求可配套建设商贸服务中心，包含农产品展厅、农产品餐饮体验以及销售大厅，形成展示、体验、销售一条龙服务。同时结合鹅形山风景游览区激活乡村旅游资源的潜力，将农业与旅游结合，配套建设科普培训基地和旅游服务中心（表 3-6）。

表 3-6　规划建设项目

规划分区	主要建设内容
现代农业示范区	农产品交易中心、农业实训基地、青少年科普基地、智慧温室、农产品加工基地、科技展示中心、农业公园、绿地公园
农旅综合服务区	葡萄生产基地、葡萄酒庄、康养度假服务中心、会议中心、生态营地、乡村俱乐部、生态乐园、创意工坊、民宿
生态宜居区	现状乡村住宅
生态养生体验区	生态、自然、森林乐园
植物观赏区	景观温室、植物园、药材园

　　园区配套建设全面，设置种养加工、仓储物流等生产建筑，会展培训、商贸销售等生产服务建筑，以及观光休闲康养等产业延伸类建筑（表 3-7）。

表 3-7　凯佳生态农业园配套建筑分类

建筑分类	配套建筑
生产建筑	葡萄、水稻种植园
	智慧、景观温室
	生猪养殖场
	农产品加工基地
	储酒仓库
	冷库
	粮食仓库
	物流配送
生产服务建筑	行政办公
	葡萄酒庄
	会议中心
	科技展示中心
	农业实训基地
	青少年科普基地
	农产品交易中心
产业延伸建筑	游客服务中心
	创意工坊
	各类公园
	农事体验园、俱乐部
	康养度假中心
	餐饮

5.华银生态园配套建设

华银生态园地处湖南省湘潭市雨湖区姜畲镇青亭村姜畲现代农业示范园区内,占地500余亩,是以生态种养、中央厨房餐饮、科普研学实践、农事休闲体验等为一体的现代高标准生态园区(图3-12)。

(a) 生态园风貌

(c) 农耕博物馆

(d) 农产品展销厅

图 3-12 华银生态园配套建设

（1）现状优势

华银生态园地处姜畲现代农业示范园内,湘黔铁路、320国道、上瑞高速公路、长衡西线高速公路贯穿其中。园区地处平原地区,地形较为平坦,既有蜿蜒曲折的河流水渠,又有肥沃的良田,具有区位、交通、资源优势。同时紧抓姜畲国家现代农业示范综合园区的政策机遇和科技支撑,把握乡村振兴战略机遇,整合利用各方资源。

华银生态园是由华银国际大酒店开发创建的，华银国际大酒店作为湘潭知名酒店集团，在发展旅游方面具有先天优势。园区建设充分考虑旅游元素，将农业生产和研学旅游、生态旅游结合起来，在一、二、三产业融合方面创建了多种发展形式。

（2）发展策略

华银生态园一、二、三产业融合发展，并以点带面带动周边乡村共同发展，形成集群化、网络化发展格局。周边存在绿丰农场、菁苹果农业园、三益葡萄园等经营主体，市供销合作总社和华银集团启动了中央厨房项目，利用餐饮企业的规模优势，采购青亭村及周边农业园区的优质农产品进行食品加工，开展学校和企业配餐业务。中央厨房已成为华银生态园的主营业务，30% 销售份额来自中央厨房。多个园区之间形成和谐互补的关系，为区域内的集群式发展提供了有力基础。

（3）配套建设

华银生态园大力发展中央厨房食品加工产业，形成从生产到加工、仓储、物流、派送、餐桌等多环节、多层次、全产业链发展融合模式，集科普研学实践、农事休闲体验于一体。

第一产业以水稻、蔬菜、瓜果等原生态农业种植为主导，基地范围内配置自动喷灌露地种植区域，面积 100 亩；同时建有 7.5 亩种植大棚，用于科学育苗和花卉培育。

第二产业以中央厨房生产加工为主营业务。按照中央厨房建设标准，配套建设仓储区用于储存食品原料；中央厨房核心加工生产区及配送区用于食品配送物流；配套建设附属区，包含办公、食品检验、员工休息更衣等附属区域。

第三产业以商贸服务为主，配套建设 2000m² 农产品销售品鉴中心，包含农产品展厅、餐厅以及销售大厅。建设农耕博物馆和研学基地，进行农业科普教育和学生农事活动，发展科普培训方面的产业链条。结合优良的生态环境和农业风光，大力发展乡村休闲旅游，配套建设旅游服务中心，提供康养度假、企业团建、农业休闲观光一日游等活动项目。

园区配套建设全面，设置种养加工、仓储物流等生产建筑，会展培训、商贸销售等生产服务建筑，以及观光休闲康养等产业延伸类建筑（表 3-8）。

表 3-8　华银生态园配套建筑分类

建筑分类	配套建筑
生产建筑	水稻蔬果种植园
	花卉、育苗温室大棚
	中央厨房无菌车间
	信息机房
	仓库
	冷库
	物流配送
	种子、种苗、饲料、化肥农药库
	农机站
	检验检疫
生产服务建筑	行政办公
	后勤服务
	研发培训
	农耕博物馆
	展示体验
	商贸销售
产业延伸建筑	游客服务中心
	采摘园
	农事体验园
	拓展区
	文化广场
	水上乐园

续表

建筑分类	配套建筑
产业延伸建筑	会议中心
	餐饮中心

3.3 田园农业配套服务需求

3.3.1 农业园区分类

农业园区从功能上分为农业科技园区、农业产业园区和农业休闲观光园区三类。农业科技园区是一种以农业高新技术开发、示范、辐射和推广带动产业发展，以体制创新和机制创新为动力，以促进区域农业结构调整和产业升级为目标的现代农业发展模式，是推广先进农业技术的示范基地。农业产业园区依靠农业优势，能够完成研发、生产、加工、营销、示范、推广产业发展，是具有高投入、高产出、高效益、综合开发等特点的农业园区。农业休闲观光园区是一种以农业活动为基础，充分开发具有休闲观光、旅游价值的农业资源和农业产品，将农业生产、科技应用、艺术加工和农事体验融为一体，以吸引游客前来观赏、体验、休闲、度假的新型农业园区。

1. 农业科技园区

农业科技园区突出科技引领作用，以农业高新技术开发、示范、辐射和推广带动产业发展，是推广先进农业技术的示范基地。农业科技园区分为核心区、示范区和辐射区。

核心区包含科学研发基地和核心功能区。科学研发基地主要配套建设科研院所研究室；核心功能区包含技术研发区、综合服务区、市场贸易区。其中，技术研发区配套建设产业创新、试验、孵化基地；综合服务区配套建设展示、创业、信息、培训、管理等功能；市场贸易区配套建设农产品、加工品、生产资料、设施装备批发和交易功能。

示范区包含产业核心园和生态示范村，产业核心园是以某产业的龙头企业为核心形成的园中园，如玉米产业核心园等，其作用是开拓产品国内外市场、发展产品精深加工、协调产业链关系和组织建立产业科技开发公司；生态示范村是具有良种繁育、设施农业和节水灌溉、无公害及绿色蔬菜生产等各具特色的示范村。

辐射区包含农产品加工区和专用种养基地，农产品加工区配套建设原料加工企业和产品加工企业；专用种养基地配套建设原料生产基地和农产品种养基地（图3-13）。

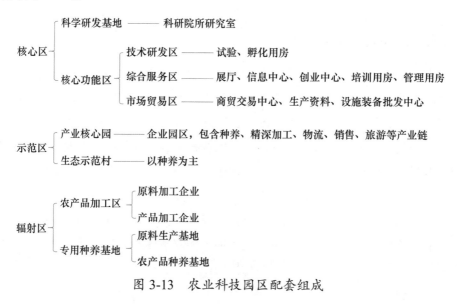

图3-13　农业科技园区配套组成

2. 农业产业园区

农业产业园区突出产业发展，依靠农业优势，通过研发、生产、加工、营销、示范来推动产业发展，具有综合开发的特点。农业产业园区分为产业功能区、中心控制功能区、物流功能区和休闲观光功能区。

产业功能区包含种植、养殖、农产品加工和商贸交易功能。种植、养殖功能设置耕地、种植区、养殖场、种苗区、温室等配套设施；农产品加工配套建设加工厂房；商贸交易配套建设贸易中心、集市等设施。

中心控制功能区包含中心控制、科技研发、智慧农业、技术展示和综合服务功能。中心控制功能可配套建设总控、办公中心；科技研发功能配套建设研发、试验中心；智慧农业功能配套建设玻璃温室、育秧温室；技术展示功能配套建设展示中心、农技培训中心；综合服务功能配套建设服务中心。

物流功能区包含仓储和物流功能。仓储配套建设仓库、保鲜库和检验检疫中心；物流配套建设配送中心。

根据园区产业发展情况，可辅助设置休闲观光功能区，包含生产示范、观光采摘、农事体验、康养休闲等功能，可配套建设示范园、采摘园、体验园和康养休闲中心等设施场所（图 3-14）。

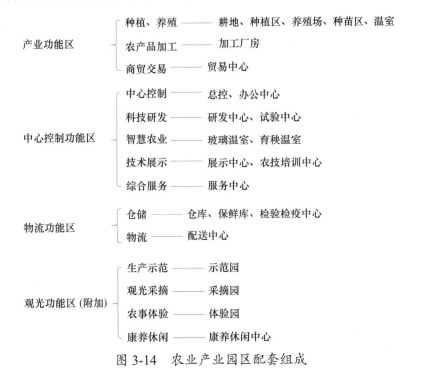

图 3-14　农业产业园区配套组成

3. 农业休闲观光园区

农业休闲观光园区突出休闲、旅游发展，以农业活动为基础，充分开发具有休闲观光、旅游价值的农业资源和农业产品，是具有观赏、体验、休闲、度假功能的农业生产经营基地。农业休闲观光园区分为农业观光区、劳作体验区、科普教育区、康体娱乐区和综合服务管理区。

农业观光区包含休闲观光农园和采摘农园，设置耕地、种植区、养殖场、种苗区、温室等配套设施。

劳作体验区包含农园体验、儿童活动及农技展示功能，体验区设置种植区、养殖场、种苗区、温室等配套设施；农技展示功能配套建设展示中心、农技培训中心以及农具库。

科普教育区包含自然教育和团建研学功能，可配套建设教育区、示范区、拓展场地、温室等设施。

康体娱乐区包含健康养生和休闲娱乐功能，配套建设餐饮、住宿、体检、疗养、健身、娱乐中心。

综合服务管理区包含中心控制、科技研发、智慧农业和游客服务功能。中心控制功能可配套建设总控、办公中心；科技研发功能配套建设研发、试验中心；智慧农业功能配套建设玻璃温室、育秧温室；综合服务功能配套建设服务中心（图 3-15）。

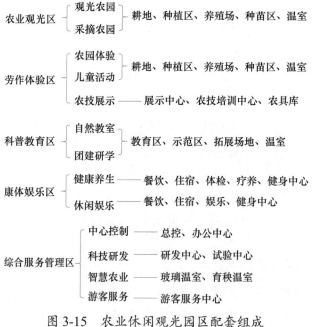

图 3-15　农业休闲观光园区配套组成

3.3.2 农业发展程度分级

农业生产的布局和分区要以农业自然资源与环境条件为基础，按照因地制宜的原则开展。同时宏观政策、市场需求、社会发展对农业资源的配置具有一定的影响，劳动力、基础设施、技术手段对农业的发展也具有一定的制约或促进作用。因此我们综合考虑农业资源、经济、政治和社会等要素的地区差异与组合特征，结合国家区域发展战略和经济社会发展长远目标的要求，科学地进行农业发展程度分级。

以湖北省为例，从农业产能、农业加工以及农业休闲三方面的发展程度进行论述，归纳乡村农业在不同方面的发展程度分级。农业发展程度分级的研究方法同样适用于江西、河南、湖南三省。

1. 农业产能程度分级

以湖北省为例，省域西部的土地类型为鄂西南山地和鄂西北山地，东部为鄂东北山地和鄂东南山地，中部自北向南为鄂北岗地、鄂中丘陵和江汉平原。华中农业大学朱俊林通过分析农业资源和农业产量数据，利用聚类分析法将湖北省的农业产能分为四级（表3-9）。

表3-9 湖北省农业资源、农业产量分级

指标	1级	2级	3级	4级
人均耕地面积（hm^2/人）	0.13	0.07	0.07	0.08
耕地粮食单产（t/hm^2）	9.94	6.67	7.70	5.08
人均园地面积（hm^2/人）	0.01	0.02	0.03	0.02
人均粮食产量（kg/人）	613.20	371.11	394.04	300.84
人均肉类产量（kg/人）	112.59	67.28	61.87	46.96
人均奶类产量（kg/人）	0.18	14.21	1.87	0.50
人均水产品产量（kg/人）	90.03	46.09	33.33	12.04

其中，1级为江汉平原区及其外围丘岗地区，鄂中丘陵和鄂北岗地，这些

地区耕地占土地面积比重高，资源组合条件好，生产力水平较高，是全省农业生产条件最优越的地区，集中了全省大多数的商品性粮食、棉花、油料生产基地。2级分布于鄂东沿江平原，鄂东南、鄂东北低山丘陵，三峡河谷，鄂东沿江平原以粮棉油生产为主，鄂东南和鄂东北低山丘陵不仅粮棉油生产具有一定的规模，同时经济林和果园生产规模也较大，三峡河谷以柑橘为主的果园生产优势明显。3级分布于鄂西山区、鄂东北及鄂东南中低山区，林果等生产条件较优越。4级主要分布于鄂西的中高山区以及城市区域，农作物播种面积普遍较小，农产品供应能力在各类等级区中最弱。

2. 农业加工程度分级

湖北省《关于进一步促进农产品加工业发展的实施意见》指出，全省形成农产品加工四大产业集群，即以武汉、荆州、襄阳、荆门、孝感、黄冈、天门等地为主的粮油加工产业集群；以宜昌、荆州、潜江、仙桃、武汉、鄂州、黄冈和宜城、安陆、京山为主的畜禽水产品加工产业集群；以宜昌、荆州、黄石、武汉、黄冈、仙桃、咸宁和丹江口为主的酒类饮料产业集群；以鄂西南、鄂西北、鄂东南和大洪山周边地区为主的特色农品加工产业集群。

依据《实施意见》进行产业集群分布划分，农业加工发展分为三级。1级分布在武汉、宜昌、荆州、潜江、仙桃五个城市及周边，此处集中了粮油、禽畜水产品及酒类饮料加工产业，是多种农产品加工产业集群集中的地区。2级区域重点发展一类或两类农产品加工类型，相对1级区域，加工产品类型不够丰富，产能相对较低。3级区域多发展以周边地区为主的特色农品加工产业，但多因劳动力不足、基础设施及技术手段有待提高、交通运输不便等不利条件，制约了农业加工产业的发展。

3. 农业休闲程度分级

城市居民是农业休闲的主要来源，这些居民通常希望在双休日实现往返，行程较短，因而开发农业休闲功能的地区一般位于大中城市的外围区域。华中农业大学朱俊林将农业休闲地区以湖北省的武汉、襄阳、宜昌和荆州四个大中城市为核心进行分区。

武汉圈：江汉平原及鄂东沿江平原地区水网密布，农业以耕作、园艺和水产养殖为主，村落布局及建筑形式独特，是具有湖北特色的江南水乡；鄂东南和东北低山丘陵区山地、丘陵和河谷盆地地形高差较大，农业景观资源多样。平原水乡与山乡景观具有强烈的互补性，为城市居民提供多样化的农业休闲环境。

由于省会武汉市的区位优势，本区还是新型高科技农业、生态农业集中的地区，如武汉农业示范园、武汉洪湖蓝田生态农业园等，是集现代农业科技创新、技术推广、科普教育、观光休闲于一体的场所。

襄阳圈：湖北西北部地区的中心城市，国家级历史文化名城。其辖射腹地内北部是波状岗地，南部和西部是低山丘陵，地形起伏变化大，农业景观的地域特色明显，人文与自然景观组合多样，适宜农业休闲资源的开发。

宜昌圈：地势高差起伏巨大，山地和大型水利枢纽工程形成许多国内外知名的自然和人文旅游景点。巨大的游客资源和城市居民形成本区农业休闲的庞大客源，山区自然景观和独具民族特色的乡村文化的组合构成本区农业休闲的主要特色。

荆州圈：本区平原所占比重大，自然条件优越，农业发展基础好。江汉平原水网密布，土层深厚且肥沃，素有"鱼米之乡"之称。农业景观、自然景观资源优越，适宜发展农业休闲产业。

农业休闲发展分为三级。1级分布在武汉、襄阳、宜昌和荆州四个城市周边及其辐射圈交叉区域。此处大中型城市集中，具有良好的客源，交通便捷，具有全国历史文化名城、特色农园、民族文化、三峡和荆江等自然保护区，乡村景观特色多样。2级区域距离大城市较远，有国道或高速公路与大城市相连，自然资源丰富，农业具有特色，一般仅适合小长假休闲。3级集中分布在鄂西山区，虽然具有良好的自然生态环境，但农业资源贫瘠，交通不便，制约了农业休闲旅游产业的发展。

4. 农业发展程度分级

我们分别从农业产能、农业加工以及农业休闲三方面对湖北省的农业发展程度进行了分级，通过将这三方面的发展程度分级进行叠加，得出高优势度、中优势度和低优势度分级。农业发展程度分级的研究方法同样适用于江西、河南、湖南三省。

高优势度地区为叠加层数更多的地区，主要分布在以武汉、荆州、宜昌为轴线串联起来的带状区域，此区域具有良好的农业产能，还是新型高科技农业、生态农业集中的地区，拥有多种农产品加工产业集群，因为处于大中城市周边、具有良好的客源、资源条件，适合发展农业休闲产业。

中优势度地区，分布在高优势度地区周边，此区域具有良好的农业产能，加工产品类型不够丰富，处于大中城市辐射地区、距离大中城市较远，农业休闲产业发展受到制约。

低优势度地区，分布于鄂西山区、鄂东北及鄂东南中低山区，因为土地贫瘠、农业产能相对薄弱，距离大中城市较远，交通条件不便，制约了农业加工产业和休闲旅游产业的发展。

3.3.3 田园农业配套服务需求

在当地或一定范围内，某种农业产业类型在产业结构中占有重要的地位，其产品量大，商品收益高，具有一定的生产规模，对区域内的农业经济起到了支撑和带动作用，这种产业类型称为农业主导产业。除了主导产业，还有辅助产业，辅助产业对一定区域内的农业经济不能起到支撑和带动作用，但也发挥着重要的作用，是区域内农业经济的重要组成部分。

根据区域内的农业主导产业，兼顾辅助产业，判断农业类型，确定农业园区功能。不同功能的农业园区，如农业科技园区、农业产业园区、农业休闲观光园区分别具有不同的配套服务需求。将不同类别的农业园区和农业发展程度分级进行匹配，得出相应的农业配套服务需求，分类分级列出在生产、生产服务、产业延伸全链条的配套建筑列表。

1. 农业科技园分级配套列表

农业科技园区突出农业科技发展，以农业高新技术开发、示范、辐射和推广带动产业发展，是推广先进农业技术的示范基地。

高优势度地区具有良好的农业产能，还是新型高科技农业、生态农业集中的地区，拥有多种农产品加工产业集群，具有良好的客源、交通、文化、景观资源条件。因此配套服务需求要求全面，充分满足农业科技园区推广高新技术开发、带动产业发展的需求，应设置种养、加工、仓储物流等生产建筑，研发培训、信息中心、商贸销售等生产服务建筑，科技研发、创业中心等产业延伸建筑。中优势度地区具有良好的农业产能，加工产品类型不够丰富，科技农业发展相对落后。设置种养、信息中心、研发培训等基本科技农业设施，其他建筑设施可根据当地实际情况进行设置。低优势度地区农业产能相对薄弱，基础设施及农业科技有待提高。因此配套服务需求只满足种养等基本需求，加工、物流仓储、商贸销售、孵化创业等建筑设施可不设置，其他科技研发等建筑类型根据当地实际情况进行设置（表3-10）。

表3-10　农业科技园配套设施

建筑分类	配套建筑	高优势度	中优势度	低优势度
生产建筑	种植园（养殖场）	●	●	●
	温室大棚	●	●	●
	加工厂房	●	○	—
	冷链、仓储	●	●	●
	物流配送	●	○	○
	种子、种苗、饲料、化肥农药库	●	●	●
	农机站	●	●	○
	检验检疫	●	●	○
生产服务建筑	行政办公	●	●	○
	信息中心	●	●	○
	后勤服务	●	○	—
	研发培训	●	●	○
	科普宣传	●	○	—
	商贸销售	●	○	—

续表

建筑分类	配套建筑	高优势度	中优势度	低优势度
产业延伸建筑	科研院所研究室	●	○	—
	实验孵化中心	●	○	—
	创业中心	●	○	—

注：●为应设置，○为根据实际情况设置，一为不设置。

2. 农业产业园分级配套列表

农业产业园区突出产业发展，依靠农业优势，通过研发、生产、加工、营销、示范来推动产业发展，具有综合开发的特点。

高优势度地区具有良好的农业产能，拥有多种农产品加工产业集群，处于大中城市周边，具有良好的客源、交通、文化、景观资源条件。因此配套服务需求要求全面，充分满足农业产业园区综合开发乡村产业的需求，应设置种养、加工、物流等生产建筑，研发培训、信息中心、商贸销售等生产服务建筑，观光休闲康养等产业延伸建筑。中优势度地区具有良好的农业产能，区域重点发展一类或两类农产品加工类型，加工产品类型不够丰富，产能相对较低。因此配套服务需求不如高优势度地区那么全面，设置种养、商贸销售等基本产业设施，其他科普展示、观光休闲等建筑设施可根据当地实际情况进行设置。低优势度地区农业产能相对薄弱，多因劳动力不足、基础设施及技术手段有待提高、交通运输不便等不利条件，制约了农业加工产业的发展。因此配套服务需求只设置种养、商贸销售等基本设施，加工、物流仓储、研发培训、科普研学、康养度假等建筑设施可不设置，其他建筑类型根据当地实际情况进行设置（表3-11）。

表3-11　农业产业园配套设施

建筑分类	配套建筑	高优势度	中优势度	低优势度
生产建筑	种植园（养殖场）	●	●	●
	温室大棚	●	●	●
	加工厂房	●	○	—

建筑分类	配套建筑	高优势度	中优势度	低优势度
生产建筑	冷链、仓储	●	●	●
	物流配送	●	○	○
	种子、种苗、饲料、化肥农药库	●	●	●
	农机站	●	●	●
	检验检疫	●	●	○
生产服务建筑	行政办公	●	●	○
	信息中心	●	○	—
	后勤服务	●	○	—
	研发培训	●	○	—
	科普宣传	●	●	—
	展示体验	●	○	—
	商贸销售	●	●	●
产业延伸建筑	观光园	●	○	○
	采摘园	●	○	○
	农事体验园	●	○	—
	户外拓展园	●	○	—
	康养度假园	○	○	—

注：●为应设置，○为根据实际情况设置，—为不设置。

3. 农业休闲观光园分级配套列表

农业休闲观光园区突出休闲、旅游发展，以农业活动为基础，充分开发具有休闲观光、旅游价值的农业资源和农业产品，是具有观赏、体验、休闲、度假功能的农业生产经营基地。

高优势度地区具有良好的农业产能，处于大中城市周边，具有良好的客源、交通、文化、景观资源条件，适合发展农业休闲产业。因此配套服务需求要求全面，充分满足农业休闲观光园区以农业为基础开发乡村旅游的需求，应设置种养、物流等生产建筑，科普研学、商贸销售等生产服务建筑，游客中心、观光休闲康养等产业延伸建筑。中优势度地区具有良好的农业产能，自然资源丰富，因为距离大中城市较远，农业休闲产业发展受到制约。因此配套服务需求不如高优势度地区那么全面，设置种养、商贸销售、观光休闲等基本休闲农业设施，其他科普展示、康养度假类建筑设施可根据当地实际情况进行设置。低优势度地区农业产能相对薄弱，距离大中城市较远，交通条件不便，制约了休闲旅游产业的发展。因此配套服务需求只设置种养、商贸销售等基本设施，物流仓储、研发培训、科普研学、康养度假等建筑设施可不设置，观光采摘等建筑类型可根据当地实际情况进行设置（表 3-12）。

表 3-12　农业休闲观光园配套设施

建筑分类	配套建筑	高优势度	中优势度	低优势度
生产建筑	种植园（养殖场）	●	●	●
	温室大棚	●	●	●
	冷链、仓储	●	●	○
	物流配送	●	○	○
	种子、种苗、饲料、化肥农药库	●	●	●
	农机站	●	●	○
	检验检疫	●	○	—
生产服务建筑	行政办公	●	●	○
	后勤服务	●	○	—
	研发培训	●	○	—
	科普研学	●	○	—
	展示体验	●	●	○
	商贸销售	●	●	●

续表

建筑分类	配套建筑	高优势度	中优势度	低优势度
产业延伸建筑	游客服务中心	●	○	—
	观光园	●	●	○
	采摘园	●	●	○
	农事体验园	●	○	○
	户外拓展园	●	○	—
	科普教育园	●	○	—
	康养度假园	●	○	—
	餐饮	●	●	○
	住宿	●	○	—

注：●为应设置，○为根据实际情况设置，—为不设置。

3.4 **田园农业配套建筑设计指标**

3.4.1 农业配套建筑设计指标

　　农业建筑包含生产建筑、生产服务建筑和产业延伸建筑。生产建筑是农业建筑的核心部分，包含种植养殖、产品加工、仓储物流、生产附属四部分功能空间；生产服务建筑是为生产建筑提供服务的建筑类型，包含行政办公、后勤服务、研发培训、商贸会展等功能空间；产业延伸建筑是农业建筑与旅游建筑相融合的建筑形式，包含具有观光采摘、农事体验、科普展示、康养度假功能的建筑空间。

1. 生产建筑建设指标

（1）温室大棚建设指标

温室大棚按照建设规模可分为小型、中型、大型三类，小型温室大棚面积小于5000m²、投资小于500万元；中型温室大棚面积5000～20000m²、投资500万～1000万元；大型温室大棚面积大于20000m²、投资超过1000万元。自然通风温室，通风（跨度）方向的尺寸不宜大于40m，建筑面积宜在1000～3000m²；机械通风温室，进排气口之间的距离宜在30～60m，建筑面积宜在3000～5000m²。

温室大棚建设规模根据建设用途、种植计划、栽培方式以及社会和经济效益进行综合判定。用于农作物生产，建设规模根据种植计划、栽培方式来确定；用于观光展览，建设规模可以结合展示内容来确定；用于农业科研，建设规模应适度，满足科研需求即可；用于生态餐厅，适宜建设小型温室，面积控制在1000～3000m²。

（2）养鸡场建设指标

养鸡场建筑面积根据养殖规模、养殖工艺进行确定。可参考表3-13所列指标控制。

表 3-13　养鸡场建筑面积

建设规模	建筑面积（m²）
0.5万套祖代肉种鸡场	2700～3300
1.5万套祖代肉种鸡场	5200～6400
3万套祖代肉种鸡场	9400～11500
0.5万套祖代蛋种鸡场	2500～3000
1.5万套祖代蛋种鸡场	4900～6000
3万套祖代蛋种鸡场	8800～10700
1万套父母代肉种鸡场	3400～4200

建设规模	建筑面积（m²）
2 万套父母代肉种鸡场	6000 ~ 7400
5 万套父母代肉种鸡场	14000 ~ 16000
1 万套父母代蛋种鸡场	3200 ~ 3900
2 万套父母代蛋种鸡场	5200 ~ 6350
5 万套父母代蛋种鸡场	12000 ~ 14500

（3）养猪场建设指标

猪舍建筑面积按公猪所需猪栏面积 6m²/ 头以上、生产育肥猪所需猪栏面积 1m²/ 头以上，小群饲养的空怀母猪、妊娠母猪所需猪栏面积 2m²/ 头以上、分娩母猪所需猪栏面积 4m²/ 头以上。

（4）加工厂房建设指标

按照生产规模、产品种类、生产线布局确定加工厂房的建设面积。例如拟建设年产 6000t 葡萄酒加工生产车间和配套的生产线，包含加工车间、原料库、储酒库以及生产附属空间，总建筑面积 11000m²。

（5）中央厨房建设指标

平面布置合理分区，生食加工和熟食加工严格分离，并采取有效措施防止人物流的交叉污染。合理设置车间原辅料区，生食加工区，熟食加工区，包装区和成品储存区。中央厨房建设规模根据供餐量来确定，建筑面积不应小于 300m²，1000 ~ 5000m² 最为普遍。

（6）物流空间建设指标

单体物流建筑的规模等级应按其建筑面积进行划分，宜符合表 3-14、表 3-15 的规定。物流建筑的面积应根据物流量、企业生产能力发展需求等进行确定，总建筑面积应包括物流生产面积及配套建设的业务与办公建筑面积、辅助生产建筑面积。单体物流建筑的物流生产面积占物流建筑总建筑面积的比例一般为 65% ~ 95%，特别是某些单一功能的物流建筑，其业务与管理办公、辅助生产用房面积较小。

表3-14　单体物流建筑的规模等级划分

规模等级	建筑面积 A（m²）	
	存储型物流建筑	作业型物流建筑、综合型物流建筑
超大型	$A > 100000$	$A > 150000$
大型	$20000 < A \leq 100000$	$40000 < A \leq 150000$
中型	$5000 < A \leq 20000$	$10000 < A \leq 40000$
小型	$A \leq 5000$	$A \leq 10000$

表3-15　单体物流建筑面积比例

建筑面积类别	比例	备注
物流生产面积	≥ 65%	包括场坪面积
业务与管理办公用房、生活服务用房面积	5% ~ 15%	物流企业自用房
辅助生产面积	≤ 5%	包括设备、辅助用房

（7）仓储用房建设指标

规模化粮食生产仓储，用于稻谷、小麦等农作物及种子存储的建筑物。单体占地面积不得超过600m²，粮田面积连片300亩以上可设置一处。

工厂化作物栽培仓储，用于作物和种子等农作物存储、蔬菜临时存放和简易冷藏、农资及小型农机具临时存放。单体占地面积不超过450m²，作物面积连片50亩以上可设置一处。

规模化畜禽、水产养殖仓储，用于饲料、垫料及药品储藏。单体占地面积不得超过450m²，每一规模化养殖项目区可设置一处。

（8）农机具停放空间建设指标

农机具停放场、库、棚建设根据市场预测和服务作物种植的面积确定其规模（表3-16、表3-17）。

表 3-16　场库棚建设规模划分

规模	一类	二类	三类
作物种植面积（亩）	500 ~ 1000	1001 ~ 5000	5001 ~ 20000
农机具价值（万元）	22 ~ 154	48 ~ 788	239 ~ 2399

表 3-17　场库棚建筑面积

规模	总占地面积（m²）	总建筑面积（m²）	停放库（棚）建筑面积（m²）	油料库建筑面积（m²）	配套及生活服务建筑面积（m²）
一类	1450 ~ 1800	320 ~ 470	220 ~ 300	20	80 ~ 150
二类	1800 ~ 4800	470 ~ 1370	300 ~ 1150	20	150 ~ 200
三类	4800 ~ 12500	1370 ~ 3530	1150 ~ 3250	30	200 ~ 250

（9）晒晒场建设指标

晒晒场用于粮食（种子）晾晒和简易整理，单体占地面积不得超过 250m²，种植区面积连片每 300 亩可设置一处，种植面积连片低于 300 亩的不得单独配置。

（10）检验检疫用房建设指标

县级植物检疫实验室包含办公室、病害检验室、害虫杂草检验室、准备室、除害处理室、标本室等功能空间，各部分空间面积见表 3-18。根据种植规模确定检验检疫的配套建筑用房类型及面积，对于农业发展高优势度地区各项用房应配齐并满足面积要求，中、低优势度地区可酌情将相关的用房进行合并和共用，建筑面积也相应减少。

表 3-18　检疫实验室用房面积指标

实验室类别	用房名称	数量（间）	使用面积（m²）
县级植物检疫实验室	办公室	1	20
	病害检验室	1	20

实验室类别	用房名称	数量（间）	使用面积（m²）
县级植物检疫实验室	害虫杂草检验室	1	20
	准备室	1	20
	除害处理室	1	15
	标本室	1	15

2. 生产服务建筑建设指标

（1）行政办公用房建设指标

办公用房宜包括普通办公室和专用办公室。专用办公室可包括研究工作室和手工绘图室等。普通办公室每人使用面积不应小于 $6m^2$，单间办公室使用面积不宜小于 $10m^2$。手工绘图室，每人使用面积不应小于 $6m^2$，研究工作室每人使用面积不应小于 $7m^2$。

公共用房宜包括会议室、对外办事厅、接待室、陈列室、公用厕所、开水间、健身场所等。小会议室使用面积不宜小于 $30m^2$，中会议室使用面积不宜小于 $60m^2$。中、小会议室每人使用面积：有会议桌的不应小于 $2.0m^2$/人，无会议桌的不应小于 $1.0m^2$/人。大会议室应根据使用人数和桌椅设置情况确定使用面积。

（2）信息中心用房建设指标

按照设备数量计算主机房的面积，设备数量不仅包括当前设备的数量，而且应考虑未来十年所需。各部分用房参考面积见表3-19。

表3-19　信息用房面积指标

名称	面积（m²）	备注
主机房	60	根据计算机设备的外形尺寸布置确定
配电间	10	依据各信息中心具体情况配置
办公区	60	按每人 $5m^2$ 计算

名称	面积（m²）	备注
维修间	20	依据各信息中心具体情况配置
设备间	20	依据各信息中心具体情况配置
更衣室	5	依据各信息中心具体情况配置
值班室	5	依据各信息中心具体情况配置
总计	180	

（3）生活服务配套建设指标

目前多数地区采用的标准是配套区用地面积不超过整个园区的 7%，其建筑面积不超过整个园区的 12%。在此基础上园区除了配置基本的生活需求，还会增设运动休闲等设施。

2021 年 6 月，国务院办公厅印发《关于加快发展保障性租赁住房的意见》，其中"土地支持政策"明确提到，租赁住房新增部分除了涉租赁用地建设成为保障性租赁住房，还有一种方式是将产业园区中工业项目配套建设行政办公及生活服务设施的用地面积占项目总用地面积的比例上限由 7% 提高到 15%，提高部分主要用于建设宿舍型租赁住房。

（4）研发培训用房建设指标

研学实践教育基地根据地域特点，建设主题性基地、综合性基地，让地域特色、自然环境、文化遗存、民族风情等特点更加突出。

科研办公区中的研究工作室及相关区域中的办公工位数量应按使用要求确定，研究工作室的使用面积不宜小于 5m²/ 人，敞开式办公区每个工位的平均使用面积不宜小于 6m²。

（5）科普活动用房建设指标

依据需要设置学术活动室，小型讨论室的使用面积不宜小于 6m²，小型学术活动室的使用面积不宜小于 30m²，中型学术活动室的使用面积不宜小于 60m²，有会议桌的每座不应小于 1.80m²，无会议桌的每座不应小于 0.80m²。

（6）展示用房建设指标

根据规模、展厅的等级和需要设置展览空间、公共服务空间、仓储空间和辅助空间。展厅需要结合所展出产品的尺寸大小和特点进行设计布局，同时预留将来升级为虚拟展示空间的可行性。现代农业园区内的展示用房规模多为小型（表3-20、表3-21）。

表3-20　展览建筑规模

建筑规模	总展览面积 S（m²）
特大型	$S > 100000$
大型	$30000 < S \leq 100000$
中型	$10000 < S \leq 30000$
小型	$S \leq 10000$

表3-21　展厅中单位展览面积的最大使用人数（人/m²）

楼层位置	地下一层	地上一层	地上二层	地上三层及以上各层
指标	0.65	0.70	0.65	0.50

公共服务空间中的前厅、过厅、观众休息处（室）、贵宾休息室、新闻中心、会议空间、餐饮空间、厕所等，可根据展览建筑的规模、展厅的等级和实际需要确定。前厅的面积可根据其服务的展览面积计算得出，每1000m²展览面积宜设置50～100m²前厅。

3. 产业延伸建筑建设指标

（1）商业建筑建设指标

商业建筑是为零售业提供空间和场所的建筑，分为食杂店、便利店、折扣店、超市、仓储会员店、百货店、专业店、专卖店、购物中心、厂家直销中心10种。田园综合体现代农业产品经营销售建筑多为超市、专卖店、直销中心等类型（表3-22）。

表 3-22　商业建筑规模

业态	规模
超市	营业面积一般为 200 ~ 500m², 利用率高; 小型的便利店营业面积 100m² 左右
农产品专卖店	建筑面积 100 ~ 200m²
直销中心	建筑面积 100 ~ 200m²

（2）旅馆住宿建筑建设指标

以客房间数来划分旅馆的规模。通常旅馆拥有 200 间客房时是最佳规模，经营效益也较好（表 3-23、表 3-24）。

表 3-23　旅馆建筑规模

建筑规模	客房间数
超大型	≥ 1000 间
大型	≥ 500 间
中型	200 ~ 500 间
小型	< 200 间

表 3-24　旅馆建筑面积规模计算参考

面积计算方式	说明
旅馆的总建筑面积 = 客房总间数 × 每间客房综合面积比（m²/ 间）	对不同等级的旅馆，客房综合面积比需相应调整
旅馆的总建筑面积 =（客房建筑总面积 + 附属区域建筑总面积）×2	客房建筑总面积 = 客房总间数 × 标准间客房的建筑面积; 附属区域建筑面积 = 客房建筑总面积 ×25%

注：附属区域建筑面积是指走廊、楼梯、电梯间和本层设备管井等公共附属建筑面积。

客房净面积不应小于表 3-25 的规定。

表 3-25 客房净面积（m²）

旅馆建筑等级	一级	二级	三级	四级	五级
双床或双人间	12	12	14	16	20
多床间	每床不小于 4			—	—

（3）餐饮建筑建设指标

以餐饮建筑的面积或餐厅座位数或服务人数划分规模。不同规模的餐饮建筑具有不同的运营、服务和管理特点，在建筑设计中有各自不同的设计参数和功能配置要求。根据餐饮建筑的面积或餐厅座位数或服务人数，将餐饮建筑划分为小型、中型、大型和特大型（表 3-26）。

表 3-26 餐饮建筑规模

建筑规模	总面积 S（m²）
特大型	$S > 3000m^2$ 或 1000 座以上
大型	$500m^2 < S \leqslant 3000m^2$ 或 250 ~ 1000 座
中型	$150m^2 < S \leqslant 500m^2$ 或 75 ~ 250 座
小型	$S \leqslant 150m^2$ 或 75 座以下

用餐区域每座最小使用面积宜符合表 3-27 的规定。

表 3-27 用餐区域面积参考（m²/座）

分类	餐厅	快餐店	咖啡、酒吧、饮品	食堂
中低档	1.3	1.0	1.5	1.0
豪华档	1.8	1.5	1.7	1.3

（4）旅游康养建筑建设指标

康养疗养用房应根据当地城市总体规划、市场需求和投资条件确定建设规模，建设规模可按其配置的床位数量进行划分，并应符合表 3-28 的规定。

表3-28　康养疗养用房建设规模划分标准

建设规模	小型	中型	大型	特大型
床位数量（张）	20 ~ 100	101 ~ 300	301 ~ 500	> 500

康养疗养用房规划建设用地指标应符合表3-29的规定。

表3-29　康养疗养用房规划建设用地指标

建设规模	小型	中型	大型	特大型
规划用地面积（hm^2）	1.0 ~ 3.0	3.0 ~ 6.0	6.0 ~ 9.0	> 9

康养疗养用房建筑应由疗养用房、理疗用房、医技门诊用房、公共活动用房、管理及后勤保障用房等构成，其建筑面积指标平均每床建筑面积不宜少于45m^2。

（5）游客服务中心建设指标

根据景区等级及年游客量可分为大型游客中心（5A级旅游景区，年游客量60万人以上）；中型游客中心（4A和3A级旅游景区，年游客量30万 ~ 60万人）；小型游客中心（2A和A级旅游景区，年游客量小于30万人）。

建筑规模：大型游客中心建筑面积应大于150m^2；中型游客中心不应小于100m^2；小型游客中心不应小于60m^2。

（6）农民培训建筑建设指标

农民培训建筑划分为教学培训、创业、服务、辅助四类建筑。教学培训建筑包括教室、专业教学实训实验实习用房、实习场所、教师教研办公用房等；创业建筑包含创业中心、就业指导用房等；服务建筑包含宿舍、食堂、综合服务中心、文体活动等；辅助建筑包含管理用房、仓储用房、工具间、设备用房等功能空间。

建筑规模：依据《高等职业学校建设标准》《中等职业学校建设标准》规定，教室建筑面积指标按1.03 ~ 1.79m^2/人的标准进行设置；生产型实训实验实习用房及场所按6.85 ~ 14.60m^2/人的标准进行设置；创业中心、就业指导用房等按照0.48 ~ 0.73m^2/人的标准进行设置；宿舍按照5.25 ~ 10m^2/人的

标准进行设置；食堂按照 0.98 ~ 1.30m²/ 人的标准进行设置；辅助建筑按照
1.06 ~ 2.60m²/ 人的标准进行设置。

3.4.2 田园农业配套建筑设计指标体系

农业配套建筑建设规模应根据地区农业发展程度、园区类型、产品类型、
生产规模、生产线布局、市场需求、投资条件以及社会和经济效益进行综合判
定（表 3-30 ~ 表 3-32）。

表 3-30　农业科技园配套建筑设计指标

建筑分类	配套建筑	建设指标
生产建筑	种植园（养殖场）	根据种养种类、规模、工艺进行确定
	温室大棚	自然通风温室 1000 ~ 3000m²； 机械通风温室 3000 ~ 5000m²
	加工厂房	按照生产规模、产品种类、生产线布局确定加工厂房的建设面积
	冷链、仓储	单体占地面积不得超过 600m²，粮田面积连片 300 亩以上可设置一处
	物流配送	小、中型存储型物流建筑面积 ≤ 20000m²； 小、中型作业型物流建筑、综合型物流建筑面积 ≤ 40000m²
	种子、种苗、饲料、化肥农药库	单体占地面积不超过 450m²，作物面积连片 50 亩以上或每一规模化养殖项目区可设置一处
	农机站	一类规模，建筑面积 320 ~ 470m²； 二类规模，建筑面积 470 ~ 1370m²
	检验检疫	高优势度地区，各类用房使用面积 110m²； 中优势度地区，各类用房使用面积 60m²； 低优势度地区，各类用房使用面积 40m²
生产服务建筑	行政办公	根据办公人数确定，每人使用面积不应小于 6m²
	信息中心	按照设备数量计算主机房的面积，设备数量不仅包括当前设备的数量，而且应考虑未来十年所需

续表

建筑分类	配套建筑	建设指标
生产服务建筑	后勤服务	配套区用地面积不超过整个园区的7%，其建筑面积不超过整个园区的12%
	研发培训	教室建筑面积1.03～1.79m²/人，生产型实训实验实习用房建筑面积6.85～14.60m²/人，教研办公用房建筑面积0.86～1.25m²/人，实习场所60～300m²/人
	科普宣传	小型讨论室的使用面积不宜小于6m²，小型学术活动室的使用面积不宜小于30m²，中型学术活动室的使用面积不宜小于60m²
	商贸销售	超市面积200～500m²； 农产品专卖店、直销中心面积100～200m²
产业延伸建筑	科研院所研究室	研究工作室的使用面积不宜小于5m²/人，敞开式办公区平均使用面积不宜小于6m²/人
	创业中心	按照0.48～0.73m²/人的标准进行设置

表 3-31 农业产业园配套建筑设计指标

建筑分类	配套建筑	建设指标
生产建筑	种植园（养殖场）	根据种养种类、规模、工艺进行确定
	温室大棚	自然通风温室1000～3000m²； 机械通风温室3000～5000m²
	加工厂房	按照生产规模、产品种类、生产线布局确定加工厂房的建设面积
	冷链、仓储	单体占地面积不得超过600m²，粮田面积连片300亩以上可设置一处
	物流配送	小、中型存储型物流建筑面积≤20000m²； 小、中型作业型物流建筑、综合型物流建筑面积≤40000m²
	种子、种苗、饲料、化肥农药库	单体占地面积不超过450m²，作物面积连片50亩以上或每一规模化养殖项目区可设置一处。

续表

建筑分类	配套建筑	建设指标
生产建筑	农机站	一类规模，建筑面积 320 ~ 470m²； 二类规模，建筑面积 470 ~ 1370m²
	检验检疫	高优势度地区，各类用房使用面积 110m²； 中优势度地区，各类用房使用面积 60m²； 低优势度地区，各类用房使用面积 40m²
生产服务建筑	行政办公	根据办公人数确定，每人使用面积不应小于 6m²
	信息中心	按照设备数量计算主机房的面积，设备数量不仅包括当前设备的数量，而且应考虑未来十年所需
	后勤服务	配套区用地面积不超过整个园区的 7%，其建筑面积不超过整个园区的 12%
	研发培训	教室建筑面积 1.03 ~ 1.79m²/ 人，实训实验实习用房建筑面积 2.54 ~ 8.41m²/ 人，教研办公用房建筑面积 0.86 ~ 1.25m²/ 人，实习场所 60 ~ 300m²/ 人
	科普宣传	小型讨论室的使用面积不宜小于 6m²，小型学术活动室的使用面积不宜小于 30m²，中型学术活动室的使用面积不宜小于 60m²
	展示体验	展览面积小于 10000m²
	商贸销售	超市面积 200 ~ 500m²； 农产品专卖店、直销中心面积 100 ~ 200m²
产业延伸建筑	观光园	根据当地总体规划、市场需求和投资条件确定建设规模
	采摘园	根据当地总体规划、市场需求和投资条件确定建设规模
	农事体验园	根据当地总体规划、市场需求和投资条件确定建设规模
	户外拓展园	根据当地总体规划、市场需求和投资条件确定建设规模
	康养度假园	根据当地总体规划、市场需求和投资条件确定建设规模； 20 ~ 100 床规划用地 1.0 ~ 3.0hm²，101 ~ 300 床规划用地 1.0 ~ 3.0hm²

表 3-32　农业休闲观光园配套建筑设计指标

建筑分类	配套建筑	建设指标
生产建筑	种植园（养殖场）	根据种养种类、规模、工艺进行确定；
	温室大棚	自然通风温室 1000 ～ 3000m²； 机械通风温室 3000 ～ 5000m²
	冷链、仓储	单体占地面积不得超过 600m²，粮田面积连片 300 亩以上可设置一处
	物流配送	小、中型存储型物流建筑面积 ≤ 20000m²； 小、中型作业型物流建筑、综合型物流建筑面积 ≤ 40000m²
	种子、种苗、饲料、化肥农药库	单体占地面积不超过 450m²，作物面积连片 50 亩以上或每一规模化养殖项目区可设置一处
	农机站	一类规模，建筑面积 320 ～ 470m²； 二类规模，建筑面积 470 ～ 1370m²
	检验检疫	高优势度地区，各类用房使用面积 110m²； 中优势度地区，各类用房使用面积 60m²； 低优势度地区，各类用房使用面积 40m²
生产服务建筑	行政办公	根据办公人数确定，每人使用面积不应小于 6m²
	后勤服务	配套区用地面积不超过整个园区的 7%，其建筑面积不超过整个园区的 12%
	研发培训	教室建筑面积 1.03 ～ 1.79m²/ 人，实训实验实习用房建筑面积 2.54 ～ 8.41m²/ 人，教研办公用房建筑面积 0.86 ～ 1.25m²/ 人，实习场所 60 ～ 300m²/ 人
	科普研学	小型讨论室的使用面积不宜小于 6m²，小型学术活动室的使用面积不宜小于 30m²，中型学术活动室的使用面积不宜小于 60m²
	展示体验	展览面积小于 10000m²
	商贸销售	超市面积 200 ～ 500m²； 农产品专卖店、直销中心面积 100 ～ 200m²

续表

建筑分类	配套建筑	建设指标
产业延伸建筑	游客服务中心	大型游客中心建筑面积应大于 150m²；中型游客中心不应少于 100m²；小型游客中心不应小于 60m²
	观光园	根据当地总体规划、市场需求和投资条件确定建设规模
	采摘园	根据当地总体规划、市场需求和投资条件确定建设规模
	农事体验园	根据当地总体规划、市场需求和投资条件确定建设规模
	户外拓展园	根据当地总体规划、市场需求和投资条件确定建设规模
	科普教育园	根据当地总体规划、市场需求和投资条件确定建设规模
	康养度假园	根据当地总体规划、市场需求和投资条件确定建设规模；20 ～ 100 床规划用地 1.0 ～ 3.0hm²，101 ～ 300 床规划用地 1.0 ～ 3.0hm²
	餐饮	中型规模，150m² < S ≤ 500m² 或 75 ～ 250 座；小型规模，S ≤ 15m² 或 75 座以下
	住宿	每间客房面积 14 ～ 20m²；中型规模，200 ～ 500 间客房；小型规模，< 200 间客房

3.5 田园农业配套建筑设计指标的应用

3.5.1 四省现代农业园区政策规定

我们比对了《江西省现代农业示范园建设管理办法》《江西省现代农业示范园区规划编制指导意见》《河南省省级现代农业产业园建设指引（试行）》《河南省省级现代农业产业园建设工作方案（2019—2022 年）》《湖北省现代农业产业园创建工作方案》《湖南省现代农业产业园建设标准（试行）》等赣豫鄂湘四省关于农业园区的建设标准政策文件，从政策引导角度来分析四省农业园区建设的共性与个性。

《江西省现代农业示范园建设管理办法》规定：省级现代农业示范园应基本形成"四区四型"发展格局，"四区"即农业种养区、农产品精深加工区、商贸物流区、综合服务区；"四型"即绿色生态农业、设施农业、智慧农业、休闲观光农业。建设规模集中，以综合类建园为主导，规模2000亩以上（丘陵山区县1500亩以上）。单一种养类园：水稻种植面积5000亩以上；蔬菜、水果类种植面积1500亩以上；茶叶、花卉苗木、中药材等特色作物类种植面积1000亩以上，珍稀类作物种植面积可适当降低；生猪年出栏量3万头以上，肉牛（羊）年出栏量1000头以上，家禽年出栏量100万只以上；常规渔业养殖面积1000亩以上，特种渔业养殖面积300亩以上。

《河南省省级现代农业产业园建设指引（试行）》规定：合理确定产业园现代种养区、加工物流区、休闲农业区、科技研发区、双创孵化区、综合服务区等功能分区。以种植业为主导产业的产业园，可以考虑以行政村为基本单元布局多个千亩到万亩不等的种植基地，尽量集中连片实施，推进产业带建设，形成规模效益。以养殖业为主导产业的产业园，应依据疫病防控等需要，布局多个规模化养殖小区。对于产业园中的加工、交易、物流、研发、示范、服务等功能板块，应根据实际条件和需求合理布局，尽量集中连片实施，推进产业带建设，形成规模效益。产业园区域范围根据主导产业规模和特点统筹确定，宜大则大，宜小则小。

《湖北省现代农业产业园创建工作方案》规定：园区合理规划生产、加工、物流、研发、示范、服务和休闲观光等功能分区。配套种植业产业园区面积一般不低于1万亩，中药材不低于5000亩，其中核心区集中连片且不低于园区面积的30%，农田基础设施达到高标准农田（标准园）建设标准；畜禽产业园区要求年出栏生猪5万头左右、家禽100万只以上；水产产业园要求池塘养殖面积1000亩左右或工厂化养殖面积5000m^{2}以上；农产品加工、休闲农业园和农村创业创新园要求占地面积达到3000亩左右。

《湖南省现代农业产业园建设标准（试行）》规定：三产联动发展，生产、加工、物流、服务功能分区完善。生产基地相对集中连片，园区面积不低于2万亩，其中核心区不低于规划面积的30%；粮食蔬菜产业园，土地流转面积

1000 亩以上；茶叶水果产业园，集中连片面积 2000 亩以上；花卉苗木产业园，面积在 1000 亩以上；中药材产业园，金银花 3000 亩以上，玉竹、艾蒿、百合 2000 亩以上，白术 1000 亩以上，天麻、茯苓 500 亩以上；畜禽养殖产业园，生猪产业园年出栏 5000 头以上、蛋鸡产业园存栏 5 万只以上、肉鸡产业园年出栏 10 万只以上；肉鹅产业园年出笼 1 万只以上、肉鸭产业园年出笼 2 万只以上；水产养殖产业园，养殖面积 500 亩以上；休闲农业示范产业园，园区主体经营面积 1000 亩以上，以特色种养业为主导产业，且农业生产面积不得少于园区面积的 70%。

通过对比以上四省现代农业园区的建设标准政策，我们可以总结出其共性规定是均要求三产联动发展，现代农业园区功能板块布局合理，生产基地集中连片、联系紧密。产业园建设规划与村镇建设、土地利用等相关规划相衔接，产业发展与村庄建设生态宜居统筹谋划同步推进，形成园村一体、产村融合的格局（表 3-33）。

不同的是四省对于现代农业园区的功能分区划分及各类产业园面积规模都不尽相同，产业园配套设施规模应根据主导产业规模和特点统筹确定。通过比较和汇总，湖北省现代农业产业园的种植和养殖规模较湖南省、江西省都要大；湖南省的种植规模与江西省相当，但养殖规模要低于江西省（表 3-34）。

3.5.2 田园农业配套建筑设计指标体系在四省的应用

我们通过赣豫鄂湘四省协同调研，从四省农业配套建设方面进行分析得出，江西省农业生产存在土地资源利用率不高，农业发展不均衡，耕作知识、生产技能缺乏，农业配套建设不健全的问题；需要加强农业生产与休闲旅游的结合，完善农业休闲康养环节的建设配套。应用农业休闲观光园分级配套列表能够满足以农业为基础的乡村旅游的发展需求，配套建设种养、物流等生产建筑，科普研学、商贸销售等生产服务建筑，游客中心、观光休闲康养等产业延伸建筑，具体的配套建设内容及配建指标根据当地的农业发展程度和实际情况进行确定。

河南省农业生产存在产业链条不全、经济产值较低、农民耕作知识与技能不足、基础设施建设落后、农业配套建设缺乏的问题；需要加强优质农产品生

表 3-33　四省现代农业园区政策对比

共性		江西	河南	湖北	湖南
			个性		
1. 三产联动发展、现代农业功能布局合理、生产基地集中连片、联系紧密； 2. 产业园建设规划与村镇建设、土地利用等相关规划相衔接、产业发展及村庄居住建设注重生态宜居、统筹谋划同步推进、形成园村一体、产村相融合的格局	1. 省级现代农业示范区应基本形成农业种养业、产品精深加工、商贸物流、综合服务业； 2. 建设规划集中、类建园为主导； 3. 综合类园区、规模 2000 亩以上（丘陵山区县 1500 亩以上）； 4. 单一种养类园：水稻种植面积 5000 亩以上；蔬菜、水果类种植面积 1500 亩以上；茶叶、花卉苗木、中药材等特色作物类种植面积 1000 亩以上，珍稀类作物种植面积可适当降低；生猪年出栏量 3 万头以上、肉牛（羊）年出栏量 1000 头以上、家禽年出栏量 100 万只以上、规模渔业养殖面积 1000 亩以上，特种渔业养殖面积 300 亩以上	1. 合理确定现代种养区、农产品加工区、科技研发区、双创孵化区、综合服务区等功能分区； 2. 以种植业为主导产业的产业园，可以考虑以行政村为基本单元布局多个千亩到万亩不等的种植基地； 3. 以养殖业为主导产业的产业园，应依据疫病防控等需要，布局多个规模化养殖小区； 4. 产业园区域范围根据主导产业规模和特点统筹确定，宜大则大，宜小则小	1. 园区合理规划生产、加工、物流、服务和休闲观光等功能分区； 2. 种植业产业园区面积一般不低于 5000 亩，中药材不低于 1 万亩，其中核心区集中连片且不低于园区面积的 30%； 3. 畜禽业园区要求年出栏生猪 5 万头左右，家禽 100 万只以上； 4. 水产业产业园要求养殖塘养殖面积 1000 亩左右或工厂化养殖面积 5000m² 以上； 5. 农产品加工园、休闲农业园和农村创业创新园要求占地面积达到 3000 亩左右	1. 合理规划生产、加工、物流、服务等功能分区； 2. 粮食蔬菜产业园面积 1000 亩以上；茶叶水果产业园、集中连片面积 2000 亩以上；花卉苗木产业园、面积在 1000 亩以上；中药材产业园、金银花 3000 亩以上，玉竹、艾蒿、百合 2000 亩以上，白术 1000 亩以上，天麻、茯苓 500 亩以上； 3. 畜禽养殖产业园，生猪产业园年出栏 5000 头以上，蛋鸡产业园存栏 5 万只以上，肉鸡产业园年出栏 10 万只以上；肉鹅产业园年出笼 1 万只以上，肉鸭产业园年出笼 2 万只以上；水产养殖产业园，养殖面积 500 亩以上； 4. 休闲农业示范产业园，园区主体经营面积 1000 亩以上，以特色种植产业为主导产业，且农业生产面积不得少于园区面积的 70%

续表

共性	个性			
	江西	河南	湖北	湖南
政策来源	1.《江西省现代农业示范园建设管理办法》 2.《江西省现代农业示范园区规划编制指导意见》	1.《河南省省级现代农业产业园建设指引（试行）》 2.《河南省省级现代农业产业园建设工作方案（2019—2022年）》	《湖北省现代农业产业园创建工作方案》	《湖南省现代农业产业园建设标准（试行）》

表 3-34　四省现代农业园区建设规模对比

园区类型	产品类型	地区				低限取值
		湖南	江西	湖北	河南	
综合园		1000 亩	2000 亩	3000 亩	—	1000 亩
种养园	粮食种植园	1000 亩	5000 亩	1 万亩	—	1000 亩
	蔬果种植园	2000 亩	1500 亩	1 万亩	—	1500 亩
	茶叶、中药种植园	2000 亩	1000 亩	5000 亩	—	1000 亩
	生猪	5000 头	3 万头	5 万头	—	5000 头
	牛羊	—	1000 头	—	—	1000 头
	家禽	18 万只	100 万只	100 万只	—	18 万只
养殖园	渔业	500 亩	1000 亩	1000 亩	—	500 亩

产、加工、销售深度融合，运用田园农业配套建筑指标体系进行建设指导。突出产业发展、综合开发的特点，设置种养、加工、物流等生产建筑，研发培训、信息中心、商贸销售等生产服务建筑，观光休闲康养等产业延伸建筑。配套建筑指标根据地区农业发展程度、农产品类型、生产规模、生产线布局、市场需求、投资条件进行综合判定。

湖北省农业生产以传统种植为主，辅助水产养殖，存在产值较低、农产品信息滞后、缺少先进的农业技术、缺少现代农业配套建设的问题；需要关注高标准农田建设，引入高新技术，着力培育农产品精深加工，大力发展休闲观光农业。针对农业发展需求，湖北省参考农业产业园、休闲观光园分级配套需求列表，根据当地的发展程度和实际情况完善农产品生产加工以及休闲观光方面的配套建设内容及配建指标。

湖南省城郊融合型乡村主要以一、三产业为主，缺少深加工产业链，产业化规模较小，产品信息滞后，农业园区建筑配套不足；需要延长产业链，完善加工、销售等环节的建筑配套，关注科技促进产业升级，打造高效农业、生态农业。湖南省参考农业产业园、科技园分级配套需求列表，根据当地的发展程度和实际情况完善农产品加工、销售方面的配套建设以及农业高新技术开发、示范、辐射和推广方面的配套建设内容。

4 田园住宅建设指南

4.1　概述

为引导和规范田园绿色宜居社区配套建设，提升设计建造水平，规范组织管理程序，加强使用维护管理，本书以赣豫鄂湘四省为例，从选址布局、建筑设计、建造技术、基础设施、组织管理和使用维护六个方面，制定田园住宅建设指南。

4.2　田园住宅建设指南

田园住宅建设指南的编写逻辑以正向设计思路为主线，从宏观到微观，从发现问题到解决问题，按照不同专业、不同要素、不同时序逐渐展开，以全专业、全周期指导田园住宅建设为目标构建建设指南，按照设计阶段、施工阶段、使用阶段的正向流程划分选址布局、建筑设计、建造技术、设施能源、组织管理和使用维护六方面的内容。

1. 选址布局

选址布局分为选址、布局两部分，提出使田园住宅建设达到选址合规防灾、生产生活便利、与周围环境相协调等要求的具体措施。

2. 建筑设计

建筑设计分为功能完善、风貌改善、安全舒适、绿色健康等部分，引导田园住宅统筹生活、生产、生态空间，实现寝居分离、食寝分离和净污分离，突出建筑安全措施，促进被动式节能设计。

3. 建造技术

建造技术分为传统建造技术和装配建造技术两部分，因地制宜选取当地材料及建造技术，提倡适当引用装配化、产业化建造方式。

4. 设施能源

设施能源分为基础设施和能源利用两部分，提出完善基础设施建设的具体措施，并对田园住宅用能进行指导。

5. 组织管理

组织管理分为建设模式和建设程序两部分，以达到全过程控制安全性、经济性、环保性的目标。

6. 使用维护

使用维护要求对田园住宅建筑主体结构、围护结构、设备设施以及节能、消防系统进行定期维护。

4.2.1 基本规定

1. 程序合规

应遵循农村房屋设计、建设、运维等相关行政管理制度，执行审批备案、设计施工、安全监督、质量验收、运维管理等全过程管理程序。

2. 设计专业

应进行专业住宅设计，宜采用标准图集，由农户选择适宜的设计方案；鼓励采用线上专业技术平台、软件等进行田园住宅设计。

3. 经济适用

应充分考虑经济性，建设成本符合当地农村经济发展状况及农民生活水平。

4.2.2 选址布局

1. 选址

（1）选址合规

选址严禁占用基本农田，不得占用除居住用地外的其他用地，不得在各级道路、桥梁控制线范围内进行建设，不得在水源保护区进行建设，应符合各类保护区、文物古迹的保护控制要求。

应利用符合宅基地管理规定的场地建设，不得超出规划确定的用地范围，尽量使用原有宅基地和村内空闲地。

（2）安全防灾

建设选址应避开山洪、滑坡、泥石流、崩塌等自然灾害直接影响区，不应在陡坡、冲沟、泛洪区和其他灾害易发地段建房；风灾严重地区建设用地选址应避开与风向一致的谷口、山口等地段。

建设选址应远离地上、地下的障碍物，避免洪水、潮水和内涝威胁，远离污染源及易燃易爆场所。

房屋间距与消防通道设置应符合现行国家标准《农村防火规范》（GB 50039）的相关规定。

（3）生活便利

建设选址宜选择基础设施完善的场地，宜靠近村镇公共服务设施，并与村民生产劳动地点联系紧密或交通方便。

（4）宅基地面积

江西省：占用耕地，每户宅基地面积不得超过120m²；使用宅基地和村内空闲地，每户宅基地面积不得超过180m²；使用荒山荒坡，每户宅基地面积不得超过240m²。

河南省：城镇郊区和人均耕地少于667m²的平原地区，每户宅基地面积不得超过134m²；人均耕地667m²以上的平原地区，每户宅基地面积不得超过167m²；山区、丘陵地区，每户宅基地面积不得超过200m²。

湖北省：使用农用地，每户宅基地面积不得超过140m²；使用未利用地或存量集体建设用地，每户宅基地面积不得超过200m²。

湖南省：占用耕地，每户宅基地面积不得超过130m²；使用耕地以外其他土地，每户宅基地面积不得超过180m²；使用空闲地和原有宅基地，每户宅基地面积不得超过210m²。

2. 布局

（1）应对气候

选址、布局、朝向、间距应根据不同气候区确定。寒冷地区住宅布局应有利于冬季日照和冬季防风，并应有利于夏季通风；夏热冬冷地区应有利于夏季通风，并应兼顾冬季防风。

（2）顺应地形

住宅布局顺应地形地貌，节约土地资源，与周围建筑及自然环境相协调。

山地丘陵地区，住宅布局应顺应地势，根据地形地势可采用背山面水的团状式、沿谷发展的带状式、随坡就势的阶梯式。

平原地区，住宅布局采取"整体随机，内部规律"的空间分布格局。

水网地区，住宅布局可形成沿河发展的主干型、沿交叉河道的十字型、水网交错的密网型布局方式。

（3）功能合理

住宅布局应合理、紧凑、互不干扰、交通组织顺畅，并适应村民现代生活需要，方便生产生活相结合。

4.2.3 建筑设计

1. 功能完善

（1）面积要求

江西省每户农房建筑面积不超过 $350m^2$。

河南省小户农房建筑面积不超过 $180m^2$，大户不超过 $250m^2$。

湖北省公寓型农房以 4 ~ 6 层为主，平均每户建筑面积 80 ~ $120m^2$；村湾型农房以 2 ~ 3 层为主，平均每户建筑面积 140 ~ $180m^2$。

湖南省 4 人以下小户农房不超过 $200m^2$，4 人以上大户农房不超过 $300m^2$。

（2）功能布局

田园住宅应统筹生活、生产、生态等功能空间，布局设计应符合下列规定：

① 生活空间位于住宅的核心部位，包含堂屋（客厅、起居室）、卧室、厨房、餐厅、卫生间等基本空间，及门厅、过厅、阳台、楼梯等辅助空间。

② 堂屋（客厅、起居室）、卧室等主要房间宜布置在南侧，厨卫空间、辅助交通空间宜布置在北侧或外墙侧，卫生间不应布置在卧室、堂屋（客厅、起居室）、厨房的正上方。

③ 寒冷地区卧室宜邻近厨房，便于利用厨房余热采暖；夏热冬冷地区卧室宜设在通风好、不潮湿的房间，宜远离厨房避免油烟和散热干扰。

④ 生产空间宜邻近住宅主入口或次入口布置，包含作坊、店铺、农机具和农作物的库房、禽畜饲养圈所、车库等空间，并与生活空间适当分离。

⑤ 生态空间宜靠近住宅主入口或次入口布置，包含庭院、种植园、晒场、天井等空间。

（3）空间设计

卧室、起居室、书房、餐厅等生活起居房间应满足以下要求：

① 起居室宜位于首层，靠近主入口，布置在南向。

② 卧室宜布置在南向。

③ 起居室使用面积不应小于 $10m^2$，双人卧室的使用面积不应小于 $9m^2$，单人卧室的使用面积不应小于 $5m^2$。

④ 室内净高不应低于 2.40m，局部净高不应低于 2.10m，且其平面面积不应大于该空间室内使用面积的 1/3，利用坡屋顶内空间作生活空间时，其平面 1/2 面积的室内净高不应小于 2.10m。

厨房应满足以下要求：

① 厨房开间净尺寸不宜小于 1.8m，与餐厅合用时，开间净尺寸不宜小于 2.1m；餐厅单独设置时，面积不宜小于 $10m^2$，面宽不应小于 2.7m。

② 厨房应有天然采光、自然通风，宜利用热压进行自然通风或设置机械排风装置，设置竖向或水平排烟道排油烟，保持室内适宜的温湿度，防止潮湿和霉菌滋生。

③ 厨房应设置洗涤池、案台、炉灶、排油烟机等设施或预留位置。

④ 厨房应与建筑内的其他部位采取防火分隔措施，墙面采用不燃材料，顶棚和屋面采用不燃或难燃材料，烟囱、灶具的设置应符合现行国家标准《农村防火规范》（GB 50039）的相关规定。

卫生间应根据当地自然条件、风俗习惯、给排水设施和经济发展状况等因素，因地制宜设计卫生间，应符合下列规定：

① 在具备上下水设施且水资源充沛的村庄宜采用室内水冲式厕所，寒冷地区水冲式厕所上下水管线应采取防冻措施。

② 卫生间设计宜干湿分离、天然采光、自然通风。

③ 卫生间涵盖了厕所、浴室以及清洗等有关设施。设便器、洗浴器（浴缸或喷淋）、洗面器、洗衣机四件的不应小于 $3.80m^2$；设便器、洗浴器（浴缸或喷淋）、洗面器三件卫生洁具的不应小于 $2.50m^2$；设便器、洗浴器两件卫生洁具的不应小于 $2.00m^2$；设便器、洗面器二件卫生洁具的不应小于 $1.80m^2$。

④ 卫生间应做防水、隔声处理，预留管道检修口，设置地漏并找坡排水，地面面层应采用防水、防滑及易清洁建筑材料。

门厅、楼梯、过道等交通空间应满足以下要求：

① 适当放大入口空间，提供邻里交往场所。

② 入口过道净宽不应小于 1.20m，其他过道净宽不应小于 1.00m，过道拐弯处的尺寸大小应满足搬运普通家具的需要。

③ 楼梯的梯段净宽当一边临空时不应小于 0.75m，当两侧有墙时不应小于 0.90m；楼梯的踏步宽度不应小于 0.22m，高度不应大于 0.20m，扇形踏步转角距扶手边 0.25m 处宽度不应小于 0.22m。

经营类生产空间设计应符合下列规定：

① 经营空间与居住空间合理分区，减少对住户日常生活的影响；公共区域房间宜设计为多功能用房，根据需要作为餐饮、住宿或商店。

② 经营空间严禁布置存放和使用火灾危险性为甲、乙类物品的商店和仓库，不应布置产生噪声、振动和污染环境卫生的商店和娱乐设施。

③ 布置餐饮店时，厨房的烟囱及排气道应高出住宅屋面，空调、冷藏设备及加工机械应作减振、消声处理，并应达到环境保护规定的有关要求。

④ 布置民宿客房时，卫生间与卧室宜成套设置。

加工类生产空间设计应符合下列规定：

① 加工空间与居住空间合理分区，满足生产、生活各自要求。住宅底层作为生产加工空间，设置小型加工场所或是商铺，上层作为居住空间。

② 生产空间严禁布置存放和使用火灾危险性为甲、乙类物品的车间和仓库，不应布置产生噪声、振动和污染环境卫生的车间。

③ 根据农民生产习惯，合理规划、高效利用庭院空间，设置晒场、晒台等农产品加工空间。

种养类生产空间设计应符合下列规定：

① 禽畜饲养空间应独立设置，与居住空间保持一定的距离，采取必要的卫生隔离措施，宜布置在最小风向的上风侧及下水处，不应对周围环境造成污染。

② 鼓励利用牲畜及家禽粪便设置户用沼气系统。

③ 合理利用庭院空间进行农作物的小规模种植。

辅助空间应满足以下要求：

① 库房（储藏间）可设置在楼梯下部、阁楼空间或独立于庭院中，面积宜控制在 4 ~ 12m^2。

② 辅助用房室内净高不宜小于 2.40m，交通流线方便生产资料的运输与使用。

③ 停车空间宜按每户 0.5 ~ 1 个停车位的标准进行配置。低层住宅结合底层庭院或库房朝北设置，多层住宅可统一设置地下、半地下停车库。

生态空间应满足以下要求：

① 庭院空间临近住宅主入口或次入口布置，包含庭院、种植园、晒场、天井等空间。

② 宜充分利用自然条件和人工环境要素进行庭院绿化美化，采用适合本地生长的植物或作物。鼓励种植瓜果蔬菜、乡土花卉和经济林果，提升乡土生态风貌、增加经济收入。

（4）适老适幼

田园住宅应充分考虑老年人、残疾人和少年儿童的特殊要求，进行通用无障碍设计。

2. 风貌改善

（1）比例协调

田园住宅高度、立面比例应与周围环境相协调。

（2）风貌传承

田园住宅建设应尊重乡土风貌和地域特色。屋顶、墙体等建筑主体部位的形态、色彩应与周边建筑及景观风貌保持协调。

传统村落中的田园住宅应传承地方传统民居的屋顶形式、山墙特征、立面构成肌理、色彩运用等要素。

赣豫鄂湘四省地区田园住宅宜突出传统风貌特色：

① 江西省赣中地区彰显庐陵民居特色，采用高位采光、青灰色外墙及屋顶；赣东北地区呈现徽派风格，采用天井式、马头墙、白灰墙面；赣南地区保持客家民居"围屋"的风貌特征（表 4-1）。

表 4-1　江西民居传统风貌特征

风貌	赣中民居	赣东北民居	赣南、赣西民居
空间布置	高位采光、天井院	天井式	围屋
	一层半	二层	二至四层
形态构成	马头墙、一字墙、人字墙	马头墙	一至两米厚的围墙
	穿斗式、混合式	穿斗式、混合式	悬挑外廊
材料	砖、石、土	砖、石、白灰	土、石、砖

② 河南省豫北豫西丘陵山区体现自然有机之美，适当采用砖、石、土等当地材料；豫东、豫中平原地区住宅风貌体现官式建造之美，采用合院式、硬山顶；豫南地区呈现南北交融特色，采用天井院布局（表 4-2）。

表4-2 河南民居传统风貌特征

风貌	豫北、豫西民居	豫东、豫中民居	豫南民居
空间布置	合院式、窑洞	合院式	天井式、井院式
	宽窄均有	宽	正常
形态构成	硬山、悬山、囤顶	硬山、多檐廊	硬山顶
	抬梁式，墙承重	抬梁式	混合式、穿斗式
材料	北砖石，南用土	砖、石、土	砖、石、土

③湖北省突出"荆楚"风貌，主要采用硬山顶，墙体以青灰色、白色为主；少数民族地区传承吊脚楼风貌特色，采用飞檐翘角、木板墙、一层架空的形式（表4-3）。

表4-3 湖北民居传统风貌特征

风貌	鄂东民居	鄂西北民居	鄂西南民居
空间布置	天井院式、大屋	合院式	天井院式、干栏式
	二层	一至二层	二至三层
形态构成	硬山	硬山	硬山、歇山
	混合式	抬梁式、混合式	抬梁式、穿斗式、硬山搁檩
材料	砖、木、土	石、砖、木	木、砖、石

④湖南省突出"湘派民居"新范式，主要采用天井院式布局，二层向内院设置栏杆；少数民族地区传承干阑式建筑特色，采用悬山、歇山形式的屋顶，体现木材质风貌（表4-4）。

表4-4　湖南民居传统风貌特征

风貌	湘东民居	湘西民居	湘南民居
空间布置	天井院式大屋	干栏式	天井院式
	强调中轴	独栋式	中轴对称
形态构成	硬山	悬山、歇山	硬山、悬山
	抬梁式、混合式	穿斗式	抬梁式、硬山搁檩
材料	砖、木、土	木	砖、木

（3）装饰适宜

提炼当地传统民居特色要素，在细部设计、构件装饰等方面充分吸收地方建筑风格，可回收利用旧建筑的装饰构件，强化地域文化元素；并且装饰宜适度、科学，不宜过分外贴虚假的装饰构件。

赣豫鄂湘四省地区装饰特色包括：大门部位采用门罩、门斗、门楼、门廊等形式，屋顶采用实脊、花脊、脊饰等装饰，墙体采用马头墙、镀耳墙、云墙等形态且在墀头、槽角部位有装饰，门窗体现牖窗、隔扇、窗棂等特征。

3. 安全舒适

（1）建筑安全

田园住宅的抗震设防类别应符合现行国家标准《建筑工程抗震设防分类标准》（GB 50223）的相关规定，且不应低于丙级；地基基础、结构形式、墙体厚度、建筑构造等要满足质量安全及抗震设防要求。

田园住宅必须设置基础。基础宽度、埋深应按当地经验确定，且埋深不得小于500mm；在严重湿陷性黄土、膨胀土、分布较厚的杂填土、其他软弱土等不良场地建房时，应进行地基处理，并设置钢筋混凝土地圈梁。

采取抗震性能良好的结构体系，不应采用独立砖柱、砌块柱、石柱、空斗砖墙承重。承重墙体最小厚度，混凝土砌块墙不应小于190mm，砖墙不应小于

240mm。承重窗间墙最小宽度及承重外墙尽端至门窗洞边的最小距离不应小于900mm。

墙体、屋顶、构架等部位应采取整体性构造措施，构造措施应符合下列规定：

① 6度、7度抗震设防地区的砌体结构田园住宅，宜在房屋四角和纵横墙交接部位设置拉结钢筋，承重墙顶或檐口高度处宜设置钢筋混凝土圈梁、配筋砂浆带圈梁或钢筋砖圈梁。8度及以上抗震设防地区的砖混、砖木结构田园住宅应设置钢筋混凝土构造柱，承重墙顶或檐口高度处应设置钢筋混凝土圈梁。现浇钢筋混凝土楼板可兼做圈梁。

② 6度、7度地区采用硬山搁檩屋盖时，应采取措施保证支承处稳固，加强檩条之间、檩条与墙体的连接，提高山墙的抗倒塌能力。8度及以上地区，不宜采用硬山搁檩屋盖。

③ 木结构房屋木柱应设置柱脚石，柱脚石顶部应高出地面不小于100mm。柱脚与柱脚石之间宜设置管脚榫等限位装置。木构架、木屋盖构件之间应加强节点连接。8度及以上地区，木构（屋）架间应设置竖向剪刀撑。木结构房屋的砖、砌块、石围护墙与木柱、木梁、屋架下弦等构件之间应采取拉结措施。

④ 凸出屋面无锚固的烟囱、女儿墙等易倒塌构件的出屋面高度不宜大于500mm，超出时应采取设置构造柱、墙体拉结等措施。

田园住宅的耐火等级以及防火墙、防火门窗、建筑保温和外墙装饰材料、建筑构件和管道等防火构造设计应符合现行国家标准《农村防火规范》（GB 50039）的相关规定。相邻外墙宜采用不燃烧实体墙，相连建筑的分户墙应采用不燃烧实体墙。建筑的屋顶宜采用不燃材料，当采用可燃材料时，不燃烧体分户墙应高出屋顶不小于0.5m。

构造设计应考虑当地风灾、雪灾、雷击等自然灾害因素。防雷工程的设计与施工应符合现行国家标准《农村民居雷电防护工程技术规范》（GB 50952）的相关规定。

受暴雨、潮汐威胁易形成内涝的村庄，建设应采取架高底层、采用高度耐腐蚀材料等防灾韧性措施。

（2）舒适宜居

田园住宅宜采取丰富的空间形式：

① 夏热冬冷地区（江西、湖北、湖南、河南南部）设置天井、挑层、檐廊等檐下空间。

② 寒冷地区（河南北部）南侧设置阳光间，北侧设置缓冲空间。

屋顶、室外悬挑空间与露台应做有组织排水，并采取防水措施；入口应采取防雨措施；墙体、首层地面应采取防潮措施。

进行动静分区布局或采用浮筑楼板、弹性面层、隔声吊顶、阻尼板等隔声措施，室内噪声级以及外墙和分户墙隔声性能应符合现行国家标准《住宅设计规范》（GB 50096）的相关规定。

田园住宅宜通过精细化设计，提供不同层次、分隔灵活和功能齐全的居住环境，营造温馨、舒适、紧凑、方便的居住环境，满足每个家庭成员的需要，并对有私密性要求的房间防止视线干扰。

4. 绿色健康

（1）形体朝向

田园住宅形体应具备气候适应性。寒冷地区住宅的形体宜简单、规整，平立面不宜出现过多的局部凸出或凹进的部位，开口部位设计应避开当地冬季的主导风向；夏热冬冷地区住宅的形体宜错落、丰富，并宜有利于夏季遮阳及自然通风，开口部位设计应利用当地夏季主导风向。

（2）适宜尺寸

住宅开间不宜大于6m，单面采光房间的进深不宜大于6m，寒冷地区室内净高不宜大于3m。建筑的主朝向宜采用南北朝向或接近南北朝向，主要房间宜避开冬季主导风向。

（3）保温性能

夏热冬冷地区，提高围护结构热工性能，可采用在外墙和屋顶处增加保温层、沿袭空斗墙、灌斗墙传统砌筑方式，增加墙体厚度等技术措施；坡屋面可设置吊顶，吊顶内的保温材料可以选用当地材料如草木灰、稻壳以及锯末等，同时做好防潮措施；提升门窗的节能效果，采用多层中空玻璃、隔热型材，增加门窗的密封性。

寒冷地区，提高围护结构热工性能，可采取在外墙和屋顶设置保温层、改良土坯墙、增加墙厚等技术措施；屋面保温措施可大致分为屋顶外保温和室内吊顶保温，当建筑层高较大时可采用室内吊顶保温，层高较小时宜采用屋面外保温；提升门窗的节能效果，采用多层中空玻璃、隔热型材；增加门窗的密封性，宜采用门斗、双层门窗、保温门帘、被动式太阳房等保温措施。

（4）隔热性能

赣豫鄂湘四省地区农村住宅的屋顶大部分为坡屋顶，并且坡屋顶一般都留有通风屋面，通风屋面对室外过热过冷空气起到明显的缓冲作用，具有很好的隔热作用。

夏热冬冷地区的住宅围护结构宜采用浅色饰面，屋面可采用架空隔热、植被绿化、被动蒸发冷却等降温技术。

（5）通风性能

夏热冬冷地区，通过建筑平面、剖面的设计促进自然通风，门窗相对位置应尽量南北贯通且要注意错开布置，减少空气流动的阻力，这样便于形成穿堂风。屋顶采用错接坡屋顶的形式，在夏季开启天窗利用热压进行屋内通风，在冬季关闭天窗加强房屋保温性能，并在有需要时可以综合使用自然通风和机械通风。乡村建筑尽量采用两层或以上层数，利用楼梯间贯通多层形成较高的空间，增大热压通风所需的高差，有利于形成自然通风。夏热冬冷地区外窗可开启面积不应小于外窗面积的30%。

寒冷地区，对外很少开窗，主要面向庭院开设门窗洞口，闭合而露天的庭院可以有效地避开冬季以西北风为主导风向的寒风；而在夏季可以迎纳以东南风为主导风向的凉风，改善建筑内部的自然通风效果。外窗可开启面积不应小于外窗面积的25%，宜采用南向大窗、北向小窗。

（6）遮阳性能

夏热冬冷地区，遮阳措施既要阻隔夏季阳光直射，又要保证冬季的采暖，因此主要采用水平遮阳；尽量使用建筑外遮阳，可设置檐廊和阳台空间，形成室内外的过渡空间。充分利用自然采光，适宜南北向开窗采光，如果建筑体量过大，可以在建筑中布置天井、庭院等来保证自然采光的均匀性。

寒冷地区，遮阳措施既要阻隔夏季阳光直射，又要保证冬季的采暖，因此主要采用水平遮阳；尽量使用建筑外遮阳，可设置檐廊空间。充分利用自然采光，适宜南北向开窗采光。

4.2.4 建造技术

1. 传统建造技术

（1）地域性

应选取适应当地经济发展水平和建筑施工条件的结构形式和主体材料，鼓励使用当地的石材、生土、竹木等乡土材料。

（2）适用性

因地制宜选取木构架承重、木构架与墙体组合承重、墙体承重、框架承重、轻钢结构等传统结构体系及建造技术。

2. 装配建造技术

（1）开放体系

鼓励田园住宅适当引用开放体系、百年住宅等概念，采用支撑体和填充体分离的方式提高居住适应性、本土材料结合度以及经济灵活性。

（2）装配技术

积极引导采用轻钢结构、新型木结构、新型砌体结构、新型钢筋混凝土结构等装配式建造技术。

（3）标准化设计

宜采用标准化、模数化设计，采用预制墙板、预制阳台板、预制楼梯、女儿墙、栏杆等预制构件；建筑结构应与设备管线分离，预留相应孔洞及设备位置，提供分期建设、后期改造、加装设备的灵活性。

4.2.5 设施能源

1. 基础设施

（1）给水

应接入供水管网，厨卫上水卫生、压力符合相关规定，管道不穿越卧室。生活用水水质应符合国家现行标准《生活饮用水卫生标准》（GB 5749），并保证每人每天可用水量。

（2）排水

下水应通畅且无渗漏，洗漱用水与粪便宜独立排放；污水宜就地资源化利用，鼓励采用户用污水处理方式；未经处理的污水不得直接排入庭院、农田或水体。

（3）供暖

供暖设计应结合建筑平面和结构，对炉灶、烟道、供暖设施等进行综合布置；供暖用燃烧器具应符合国家现行相关产品标准的规定，烟气流通设施应进行气密性设计处理，烟道部分应采用不燃材料。

（4）空调

当被动冷却降温方式不能满足室内热环境需求时，可采用电风扇或分体式空调降温。

（5）电气

电气应接地，全部线路暗装，配电线路应安装过载保护和漏电保护装置，电线宜采用线槽或穿管保护，不应直接敷设在可燃装修材料或可燃构件上，当必须敷设时应采取穿金属管、阻燃塑料管保护。

（6）智能化

根据当地实际需求，配套设置宽带、通信、广电等现代化设施，设置相应的使用接口和分户计量设备。

2. 能源利用

（1）清洁能源

充分结合太阳能、空气能、地热能等清洁能源的利用予以优化改造，形成更加高效、清洁的被动式采暖系统。

（2）能源系统

建筑供冷供热可采用空调系统，也可采用空气源热泵或地源热泵系统。

生活热水优先采用太阳能系统，如不能满足需求，可采用电辅助加热，与空气源热泵、地源热泵相结合的系统形式。

4.2.6 组织管理

1. 建设模式

（1）建设模式

按产业定位的不同，可分为优势农业主导、自然资源引领、历史文化更新、文化创意带动和市场需求引导五种建设模式。田园综合体的建设模式可以其中一种为主导，也可以是几种模式的组合。

（2）多方参与

政府、企业、村民等多方共同参与建设、合作共赢的模式才可以最大程度发挥各自的职能优势和特长，确保田园综合体建设的有序推进。

（3）流转土地

通过统一流转农业用地，灵活处置所有权、经营权和承包权，确保土地使用规范合理，有序高效。

（4）产业运营

专业合作社或专业公司进行运作，同时鼓励原住村民有序开展个体经营活动，如民宿、农家乐、农庄等，进一步丰富综合体的经营体系，增加农民收入渠道。

（5）收益分配

按照公平合理的原则确认股份比例，明确各方的权利和义务，村集体或农民集体可派出代表，参与综合体日常建设和决策。鼓励统一营收、统一分配，充分调动各经营主体的积极性，发挥各产业之间相互协作的功能，形成更紧密高效的综合体。

2. 建设程序

（1）申报

建设应进行图纸备案，接受建筑工程质量安全监督管理。

（2）建设

应选择经过技术培训的建筑工匠或具备相应资质的施工单位承接田园住宅建设工程。

农户与施工方应签订施工协议，根据设计方案按图建造。

施工过程中应有必要的人身安全、用电、防火等安全保障措施，不应在楼板和屋面大量集中堆载；严禁在坑塘河道内倾倒垃圾、建筑渣土，应定期保洁；尽量采取装配式施工、干作业、全装修交房。

（3）验收

竣工后应按照相关要求进行竣工验收，对改造后的田园住宅基本安全做出总体评价，形成验收意见。验收内容为设计方案的落实情况和施工质量。验收方法包括现场检查，问询施工方、农户及乡镇监管人员，查阅施工过程的记录、证明材料，核查材料来源、购买渠道等。

施工验收应符合现行国家标准《村镇住宅结构施工及验收规范》（GB/T 50900）的相关规定。

结构工程（含地基基础）施工质量应验收合格且符合备案要求，屋面、女儿墙、门窗等构造细部处理质量情况良好。

给排水、电气、燃气、供暖等设施设备应具有性能检测报告及产品合格证，安装过程安全规范，设备工程及管线工程施工质量验收合格。

4.2.7 使用维护

1. 主体结构

定期检查房屋地基、结构支撑质量情况，视情况维护或加固。

2. 围护结构

定期维护室内外墙面、门窗、屋面。

3. 设备设施

定期检查设备运行及管线维护情况，视情况进行检修。

4. 节能消防

定期对围护结构的保温系统和气密性保障等关键部位进行维护和保养，及时维修更换老化、受损建筑部品或构件；定期检查防火设施，确保可正常使用。

5 田园综合体建筑建造技术

5.1　概述

针对部分田园综合体建筑功能不合理、结构安全难以保障，人居环境性能不足，不能满足现代生活需求以及发展旅游产业所需要的功能模式的问题，我们开展了一系列建造技术提升研究，包含空间布局、建筑本体、设备系统、传统文脉以及装配式五个方面的建造技术。

通过空间布局优化技术，完善健康宜居功能空间，完善生产、生活、生态三类空间的功能布局。优化建筑本体建造技术，既保障建筑结构安全，又完善建筑构造做法，提升建筑的物理性能。设备系统配置技术通过完善给排水、供暖空调、电气照明等方面的建造技术，来改善建筑的人居环境。传统文脉传承技术是通过类型化特色民居，提出保留修复有价值的民居要素，通过传统文脉要素传承演绎图示进行设计指导。装配式建造具有建设精度高、施工流程短的特点，田园综合体建筑可以选择适合的装配式建造技术。

5.2　空间布局优化技术

5.2.1 生产经营空间优化技术

1. 辅助空间优化利用技术

辅助空间优化利用主要有两种方式，一种是通过直接改造既有住宅内的功能房间，实现在原有住宅内开展新的生产经营项目，如小型手工作坊、小型商铺、农家乐等；另一种是通过在既有田园住宅的基础上加建、扩建新的功能空间开展生产经营活动，或为其提供必要的辅助空间，如车库、农机库、材料库、物资库等。

改造优化后的生产经营空间不应布置产生噪声、振动和污染环境卫生的商店和娱乐设施，也严禁布置存放和使用火灾危险性为甲、乙类物品的商店和仓库；若布置成为餐饮店时，其厨房的烟囱及排气道应高出住宅屋面，空调、冷藏设备及加工机械应作减振、消声处理，并应达到环境保护规定的有关要求；若布置民宿客房时，卫生间与卧室宜成套设置；同时，改造应符合现行国家标准《农村防火规范》（GB 50039）的相关规定。

2. 庭院空间优化利用技术

庭院是田园住宅中必备的功能空间，主要用于晾晒衣物、种植蔬菜、饲养牲畜等，同时可以加以改造赋予其他的生产经营功能。

根据居住者的生活习惯和发展庭院经济的需要，合理安排凉台、棚架、储藏、蔬果木种植、畜禽养殖等功能区；各功能场地应符合环境整洁、使用方便的要求；牲畜及家禽饲养空间独立设置，与生活空间毗邻时采取必要的卫生隔离措施，宜布置在上风侧及下水处，不设在院落出入口位置；依据生产需求，科学合理设置辅助用房，如农机具房、农作物储藏间等，与主房适当分离，结合庭院灵活布置，在满足健康、安全的前提下有利于生产。常见院落空间组合分析如图 5-1 所示。

5.2.2 生活空间优化技术

对田园住宅进行功能优化改造之后，保证每户包含能满足现代居民正常生活起居需求的功能房间，主要有卧室、起居室（客厅）、厨房、卫生间，以及相应的储存生活杂物或工具的储藏室等。

1. 功能布局优化技术

卧室、起居室等主要房间宜布置在南侧，厨房、卫生间、储藏室等辅助房间宜布置在北侧或外墙侧，卫生间不应布置在卧室、起居室、厨房的上层。严寒和寒冷地区，卧室宜邻近厨房，便于利用余热采暖；夏热冬冷和夏热冬暖地区，卧室宜设在通风好、不潮湿的房间，远离厨房避免油烟和散热干扰。厨房、卫生间宜布置在套型内，若布置于套型外应设置遮挡风雨的连廊，同时，采用

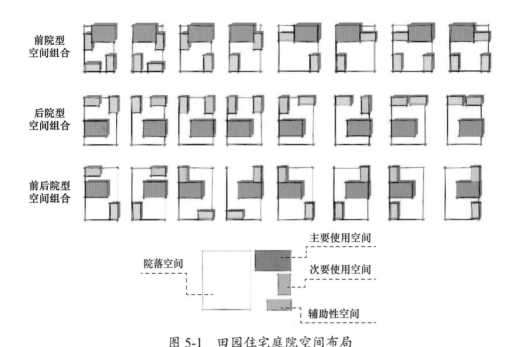

图 5-1　田园住宅庭院空间布局

密封较好的门或隔断与起居空间隔离，不直接与卧室相连。农机具房、农作物储藏间等辅助用房依据方便生产的原则设置，并与主房适当分离即可。针对不同的田园住宅采用不同的功能布局，可参考表 5-1 和表 5-2，并结合实际情况进行设置。

表 5-1　单层田园住宅功能空间布局

卧室 + 厨房 + 卫生间 客厅 + 餐厅 + 卧室	客厅与卧室南向布置，卧室数量少于 3 间，适用于家庭成员少的住宅设计，缺点是面宽较大，进深较浅，房间尺寸不够经济，家具的摆放受空间限制较多
卧室 + 厨房 + 餐厅 + 卫生间 客厅 + 卧室	占地受限，面宽较小，进深较大时，南向布置客厅和 1 个卧室，北侧布置 1 个卧室和其他功能空间，属于紧凑型住宅，缺点是各功能空间活动范围较小，有些家具需要定制

厨房 + 餐厅 + 卫生间	客厅与餐厅结合布置，能有效扩大室内空间，使室内
客厅 + 卧室	具有通透感，缺点是厨房的设计需要加以考虑，可能 会离餐厅较远

表 5-2　二层田园住宅功能空间布局

厨房 + 卫生间 + 楼梯	餐厅、客厅、卧室布置于前半部分，双跑楼梯横向布
客厅 + 餐厅 + 卧室	置于北侧，楼梯有足够的长度，踏步尺寸受限较小， 缺点是进深较小，面宽较大，空间浪费现象严重
厨房 + 餐厅 + 卫生间 + 楼梯	客厅、卧室布置于南侧，双跑楼梯纵向布置于北侧
客厅 + 卧室	时，楼梯的踏步尺寸受限较多，通常会出现梯段过陡 的情况，其进深较大，面宽较小，功能空间布置相对 舒适，浪费现象较少
餐厅 + 厨房 + 卫生间	客厅为复式空间，楼梯位于客厅一侧，客厅空间尺度
客厅 + 楼梯 + 卧室	较大，进深、面宽较为适宜

2. 卧室空间优化技术

田园住宅中的卧室是极其重要的功能性房间，在调研中发现，尤其在严寒寒冷地区的村镇，卧室是村民接待客人、吃饭、进行休闲娱乐活动的主要场所，对卧室舒适程度的要求较高。因此，应该避免从一间卧室穿越到另一间卧室，且每间卧室都应该具有直接自然采光和自然通风的条件。

此外，卧室的大小对舒适度也有重要影响。卧室使用面积的确定是根据每户居住人口、家具尺寸和进行活动时的必要空间确定的。根据调查，田园住宅卧室的面积一般都比城市住宅大，一方面是因为田园住宅的宅基地面积较大，住宅受面积的限制小；另一方面是因为田园居民的生活方式，卧室内床、火炕、柜子等必要家具的尺寸一般较大。同时，参照《住宅设计规范》（GB 50096），双人卧室的使用面积不应小于 9m²，单人卧室不小于 5m²，室内净高不应低于

2.40m。卧室尺寸布局可参考以下几种方案，并结合实际情况进行设置。卧室内家具布置及所需尺寸如图 5-2 所示。

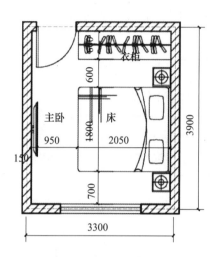

(a) 3300mm (开间)×3900 (进深)
使用面积：11.47m²
床、衣柜

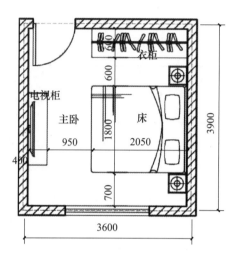

(b) 3600mm (开间)×3900 (进深)
使用面积：12.58m²
床、衣柜、电视柜

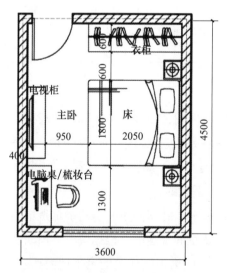

(c) 3600mm (开间)×4500mm (进深)
使用面积：14.62m²
床、衣柜、电视柜、
梳妆台、电脑桌

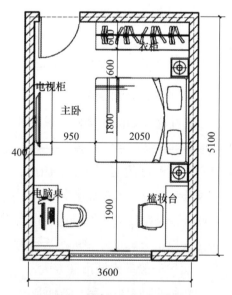

(d) 3600mm (开间)×5100mm (进深)
使用面积：16.66 m²
床、衣柜、电视柜、
电脑桌、梳妆台

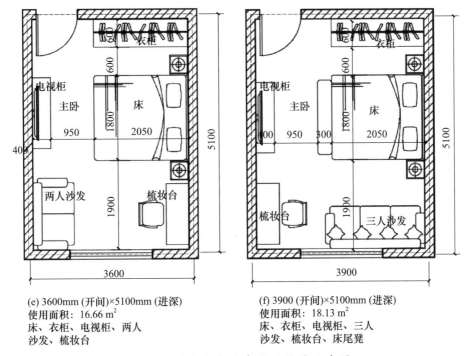

(e) 3600mm (开间)×5100mm (进深)
使用面积：16.66 m²
床、衣柜、电视柜、两人
沙发、梳妆台

(f) 3900 (开间)×5100mm (进深)
使用面积：18.13 m²
床、衣柜、电视柜、三人
沙发、梳妆台、床尾凳

图 5-2　卧室内家具布置及所需尺寸图

3. 起居室空间优化技术

起居室（客厅）是田园住宅中常见且必不可少的一种居住空间，具有使用时间长、使用人数多的特点。优化改造时，应使室内空间开敞明亮，能直接采光和自然通风，有足够的家具布置空间，同时还要与其相连接的室外空间（庭院、阳台等）保持密切的联系。起居室的开间、进深和层高需进行控制，避免尺度过大或过小，浪费空间或拥挤不利于使用。因此，使用面积不宜小于14m²。

对起居室进行空间优化改造时还需考虑空间氛围和与其他房间的交互。作为家庭聚会场所和主要活动空间，应保持温馨、惬意，适宜朝南、视野开阔，若结合庭院的菜园和花园设计效果更好。至少有一面墙的长度需达到2.5m，能布置电视等家具；开向起居室的卧室门应避免开门时直视内部，卫生间的门最好不要直接开向起居室。可参考以下几种布局方式，并结合实际情况进行优化设计。客厅平面布局如图5-3所示，餐厅平面布局如图5-4所示。

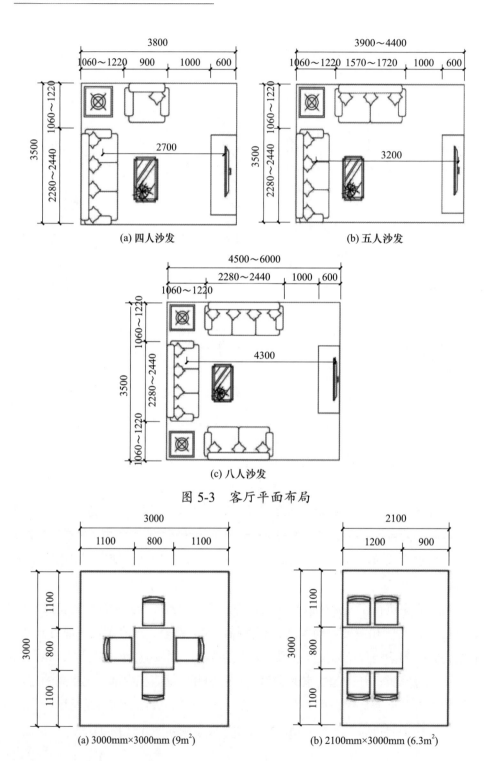

(a) 四人沙发

(b) 五人沙发

(c) 八人沙发

图 5-3　客厅平面布局

(a) 3000mm×3000mm (9m²)

(b) 2100mm×3000mm (6.3m²)

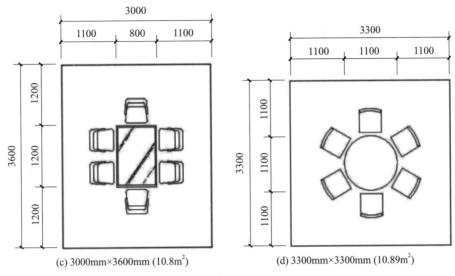

(c) 3000mm×3600mm (10.8m²) (d) 3300mm×3300mm (10.89m²)

图 5-4　餐厅平面布局

4. 厨房优化技术

田园住宅的厨房应设置洗涤池、案台、炉灶、排油烟机等设施或预留位置。应有天然采光、自然通风，设置竖向或水平排烟道有组织地排放油烟，防止炊事油烟造成室内空气污染和中毒；保持适宜的温湿度，防止潮湿和霉菌滋生。同时，厨房与住宅内的其他部位采取防火分隔措施，墙面采用不燃材料，顶棚和屋面采用不燃或难燃材料，烟囱、灶具的设置应符合现行国家标准《农村防火规范》（GB 50039）的相关规定。此外，若主要燃料为煤炭、柴草、秸秆、燃气等，还需设置燃料存放空间。几种常见厨房布局方式如图5-5所示。

5. 卫生间优化技术

卫生间是影响田园住宅生活品质的重要功能房间，需因地制宜选择合适的类型。如具备上、下水设施且水资源充沛的地区宜采用室内水冲式卫生间；饲养牲畜的地区宜建造三联通沼气池式卫生间；严寒和寒冷地区水冲式卫生间上、下水管线应采取防冻措施。根据田园住宅卫生间的现状，不同情况的改造方法如下：

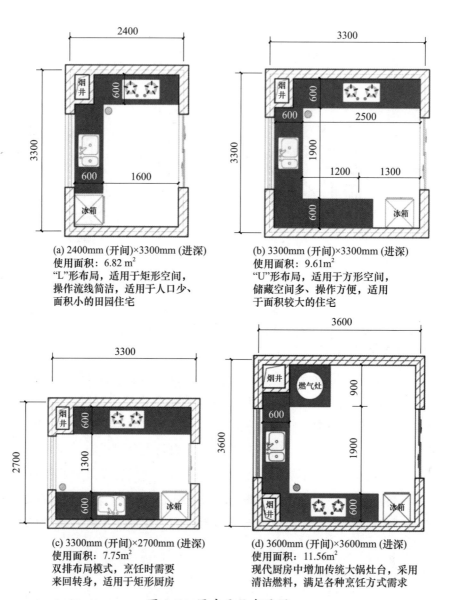

(a) 2400mm (开间)×3300mm (进深)
使用面积：6.82 m²
"L"形布局，适用于矩形空间，
操作流线简洁，适用于人口少、
面积小的田园住宅

(b) 3300mm (开间)×3300mm (进深)
使用面积：9.61m²
"U"形布局，适用于方形空间，
储藏空间多、操作方便，适用
于面积较大的住宅

(c) 3300mm (开间)×2700mm (进深)
使用面积：7.75m²
双排布局模式，烹饪时需要
来回转身，适用于矩形厨房

(d) 3600mm (开间)×3600mm (进深)
使用面积：11.56m²
现代厨房中增加传统大锅灶台，采用
清洁燃料，满足各种烹饪方式需求

图 5-5 厨房平面布局图

（1）条件较差的室外卫生间可拆除，在原址上新建或重新选择建造地点时，
应位于住宅的下风向，以免影响室内空气质量，确保结构稳定、安全，使用中
不会发生倒塌、倾覆等情况。需具有一定的私密性，可设置照明系统，方便
使用。

（2）已有室内卫生间的改造主要是确保用水和排水通畅，满足卫生要求，根据使用需求配置适宜的节水型洁具。可参考城市住宅中卫生间布置进行改造。

（3）新建卫生间必须保证不会对原有结构产生影响，具体做法可借鉴城市住宅中的相关要求。面积大小可根据使用需求确定，但应满足最小面积要求。

在卫生间面积方面，设便器、洗浴器（浴缸或喷淋）、洗面器、洗衣机四件的不应小于3.80m²；设便器、洗浴器（浴缸或喷淋）、洗面器三件卫生洁具的不应小于2.50m²；设便器、洗浴器两件卫生洁具的不应小于2.00m²；设便器、洗面器两件卫生洁具的不应小于1.80m²。内部设施方面，应配置供洗漱和洗浴的卫生洁具，预留安装热水器或安装太阳能热水器管道的位置，预留洗衣机位置及洗涤衣物、存放清洁用具及卫生用品等功能的空间（图5-6）。

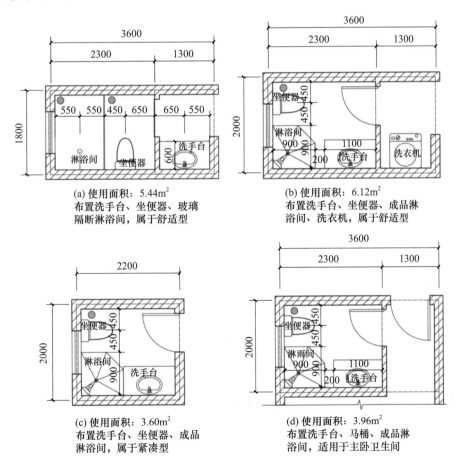

（a）使用面积：5.44m²
布置洗手台、坐便器、玻璃隔断淋浴间，属于舒适型

（b）使用面积：6.12m²
布置洗手台、坐便器、成品淋浴间、洗衣机，属于舒适型

（c）使用面积：3.60m²
布置洗手台、坐便器、成品淋浴间，属于紧凑型

（d）使用面积：3.96m²
布置洗手台、马桶、成品淋浴间，适用于主卧卫生间

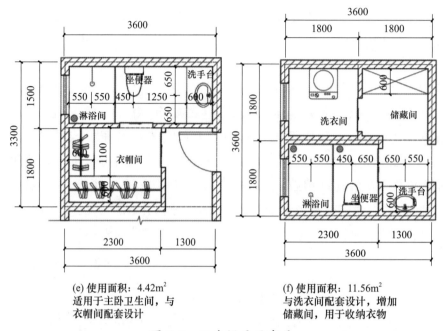

(e) 使用面积：4.42m²
适用于主卧卫生间，与
衣帽间配套设计

(f) 使用面积：11.56m²
与洗衣间配套设计，增加
储藏间，用于收纳衣物

图 5-6　卫生间平面布局

6. 储藏空间优化技术

储藏空间是田园住宅的特色之一，受居民的生产生活方式影响，主要用于储藏粮食、燃料、工具以及生活用品等。储藏空间的面积大小，依据储藏的物品和使用者的需求而定。可采取三种方式对储藏空间进行优化改造，分别是在室内分隔出储藏室、依附住宅主体新建储藏空间和在院落内新建独立储藏空间。

室内分隔出储藏室，通过重新分配住宅内各个功能的面积来加大储藏空间，这种方式较为安全，不会破坏原有住宅主体结构，但是会缩小其他功能性房间的面积；依附原有住宅新建储藏空间较为常见，但要注意在加建的过程中不要破坏原主体结构的稳定性和安全性；在院落内适宜的位置新建独立储藏空间，需保证不影响原有住宅的采光、通风以及正常使用的安全性和便利性。

5.2.3 生态庭院空间优化技术

田园住宅宜采用本土自然材料建造围墙，围墙高度宜控制在人视线以下。

可采用空透墙体，以攀缘植物覆盖形成生态墙体；也可采用栅栏式墙体，密植生态绿篱植物；裸露墙面可用攀缘植物进行美化点缀。铺地宜就地取材，鼓励使用石板、青砖、卵石等地方乡土材料，提倡使用渗水型材料。

5.3 建筑本体建造技术

5.3.1 结构构件加固技术

目前，田园住宅常见的结构分为砌体结构、钢筋混凝土结构和木结构。对于建筑来说，构成其结构的部位不同，在实际条件下其所受到的破坏也不尽相同，所采用的加固技术也不一样。

砌体结构宜在房屋四角和纵横墙交接部位设置拉结钢筋，承重墙顶或檐口高度处宜设置钢筋混凝土圈梁、配筋砂浆带圈梁或钢筋砖圈；采用硬山搁檩屋盖时，应采取措施保证支承处稳固，加强檩条之间、檩条与墙体的连接，提高山墙的抗倒塌能力。

钢筋混凝土结构框架梁柱配筋或承载力不符合鉴定要求时，可采用外包型钢、增大截面法、粘钢板或粘碳布等加固方法进行加固；框架柱轴压比不符合鉴定要求时，可采用增大截面法进行加固；抗震墙配筋不符合鉴定要求时，可加厚原有墙体或增设端柱、墙体等；楼梯构件不符合鉴定要求时，可采用粘贴钢板、碳布或增大截面法进行加固。

木结构房屋木柱应设置柱脚石，柱脚石顶部应高出地面不小于 100mm。柱脚与柱脚石之间宜设置管脚榫等限位装置。木构架、木屋盖构件之间应加强节点连接。8 度及以上地区，木构（屋）架间应设置竖向剪刀撑。木结构房屋的砖、砌块、石围护墙与木柱、木梁、屋架下弦等构件之间应采取拉结措施。

5.3.2 墙体建造技术

目前，提高墙体保温隔热性能的技术主要有外墙外保温、外墙内保温、夹心保温三种形式。由于四省气候条件不同，各地区建筑构造、材料等存在较为明显的差异，需按照建筑热工气候分区而采取不同的改造技术。

严寒和寒冷地区：根据资源状况选择适宜的墙体构造形式和保温节能材料，可通过在外墙的外或内侧贴保温板、夹心保温或自保温墙体等增加外墙保温性能。需注意夹心保温构造外墙不应在地震烈度高于 8 度的地区使用，其内外叶墙体之间应设置钢筋拉结措施。当外墙夹心保温构造中的保温材料吸水性大时，应设置空气层，保温层和内叶墙体之间应设置连续的隔气层。具体的外墙保温构造形式和保温层厚度可按表 5-3 中的墙体构造形式和保温层厚度选用。

夏热冬冷地区和夏热冬暖地区：该地区田园住宅的外墙宜采用隔热性能好的重质墙体，可采用自保温、外保温或内保温的墙体构造形式。墙体外饰面宜采用浅色，在东向、西向外墙采用花格构件或爬藤植物或乔木遮阳。自保温墙体、外保温和内保温构造形式及保温材料厚度可按表 5-4 ~ 表 5-6 中的墙体构造形式和保温层厚度选用。

表 5-3 严寒和寒冷地区田园住宅外墙保温构造形式和保温材料厚度

序号	名称	构造简图	构造层次	保温材料厚度（mm）	
				严寒地区	寒冷地区
1	多孔砖墙 EPS 板外保温		1—20mm 厚混合砂浆 2—240mm 厚多孔砖墙 3—水泥砂浆找平层 4—胶黏剂 5—EPS 板 6—5mm 厚抗裂砂浆耐碱玻纤网格布 7—外饰面	70 ~ 80	50 ~ 60

续表

序号	名称	构造简图	构造层次	保温材料厚度（mm）	
				严寒地区	寒冷地区
2	混凝土空心砌块EPS板外保温	内　外	1—20mm 厚混合砂浆 2—190mm 厚混凝土空心砌块 3—水泥砂浆找平层 4—胶黏剂 5—EPS 板 6—5mm 厚抗裂砂浆耐碱玻纤网格布 7—外饰面	80～90	60～70
3	混凝土空心砌块EPS板夹心保温	内　外	1—20mm 厚混合砂浆 2—190mm 厚混凝土空心块 3—EPS 板 4—90mm 厚混凝土空心块 5—外饰面	80～90	60～70
4	非黏土实心砖（烧结普通页岩、煤矸石砖）	EPS板外保温 内　外	1—20mm 厚混合砂浆 2—240mm 厚非黏土实心砖墙 3—水泥砂浆找平层 4—胶黏剂 5—EPS 板 6—5mm 厚抗裂胶浆耐碱玻纤网格布 7—外饰面	80～90	60～70

续表

序号	名称	构造简图	构造层次	保温材料厚度（mm）	
				严寒地区	寒冷地区
4	非黏土实心砖（烧结普通页岩、煤矸石砖）	EPS板夹心保温 内　外	1—20mm 厚混合砂浆 2—120mm 厚非黏土实心砖墙 3—EPS 板 4—240mm 厚非黏土实心砖墙 5—外饰面	70 ~ 80	50 ~ 60
5	草砖墙	内　外	1—内饰面（抹灰两道） 2—金属网 3—草砖 4—金属网 5—外饰面（抹灰两道）	300	—
6	草板夹心墙	内　外	1—内饰面（混合砂浆） 2—120mm 厚非黏土实心砖墙 3—隔气层（塑料薄膜） 4—草板保温层 5—40mm 空气层 6—240mm 厚非黏土实心砖墙 7—外饰面	210	140
7	草板墙	钢框架 内　外	1—内饰面（混合砂浆） 2—58mm 厚纸面草板 3—60mm 厚岩棉 4—58mm 厚纸面草板 5—外饰面	两层58mm草板；中间60mm岩棉	—

表5-4　夏热冬冷和夏热冬暖地区农村居住建筑外墙外保温构造形式和
保温材料厚度

序号	名称	构造简图	构造层次	保温材料厚度（mm）	
				夏热冬冷地区	夏热冬暖地区
1	非黏土实心砖墙玻化微珠保温砂浆外保温		1—20mm 厚混合砂浆 2—240mm 厚非黏土实心砖墙 3—水泥砂浆找平层 4—界面砂浆 5—玻化微珠保温浆料 6—5mm 厚抗裂砂浆耐碱玻纤网格布 7—外饰面	20～30	15～20
2	多孔砖墙玻化微珠保温砂浆外保温		1—20mm 厚混合砂浆 2—200mm 厚多孔砖墙 3—水泥砂浆找平层 4—界面砂浆 5—玻化微珠保温浆料 6—5mm 厚抗裂砂浆耐碱玻纤网格布 7—外饰面	15～20	10～20
3	混凝土空心砌块玻化微珠保温浆料外保温		1—20mm 厚混合砂浆 2—190mm 厚混凝土空心砌块 3—水泥砂浆找平层 4—界面砂浆 5—玻化微珠保温浆料 6—5mm 厚抗裂砂浆耐碱玻纤网格布 7—外饰面	30～40	25～30

序号	名称	构造简图	构造层次	保温材料厚度（mm）	
				夏热冬冷地区	夏热冬暖地区
4	非黏土实心砖墙胶粉聚苯颗粒外保温		1—20mm 厚混合砂浆 2—240mm 厚非黏土实心砖墙 3—水泥砂浆找平层 4—界面砂浆 5—胶粉聚苯颗粒 6—5mm 厚抗裂砂浆耐碱玻纤网格布 7—外饰面	20～30	15～20
5	多孔砖墙胶粉聚苯颗粒外保温		1—20mm 厚混合砂浆 2—200mm 厚多孔砖墙 3—水泥砂浆找平层 4—界面砂浆 5—胶粉聚苯颗粒 6—5mm 厚抗裂砂浆耐碱玻纤网格布 7—外饰面	20～30	15～20
6	混凝土空心砌块胶粉聚苯颗粒外保温		1—20mm 厚混合砂浆 2—190mm 厚混凝土空心块 3—水泥砂浆找平层 4—界面砂浆 5—胶粉聚苯颗粒 6—5mm 厚抗裂砂浆耐碱玻纤网格布 7—外饰面	30～40	20～30

续表

序号	名称	构造简图	构造层次	保温材料厚度（mm）	
				夏热冬冷地区	夏热冬暖地区
7	非黏土实心砖墙EPS板外保温		1—20mm厚混合砂浆 2—240mm厚非黏土实心砖墙 3—水泥砂浆找平层 4—胶黏剂 5—EPS板 6—5mm厚抗裂砂浆耐碱玻纤网格布 7—外饰面	20～30	15～20
8	多孔砖墙EPS板外保温		1—20mm厚混合砂浆 2—200mm厚多孔砖 3—水泥砂浆找平层 4—胶黏剂 5—EPS板 6—5mm厚抗裂砂浆耐碱玻纤网格布 7—外饰面	20～25	15～20
9	混凝土空心砌块EPS板外保温		1—20mm厚混合砂浆 2—190mm厚混凝土空心砌块 3—水泥砂浆找平层 4—胶黏剂 5—EPS板 6—5mm厚抗裂砂浆耐碱玻纤网格布 7—外饰面	20～30	15～20

表 5-5　夏热冬冷和夏热冬暖地区农村居住建筑外墙内保温构造形式和
保温材料厚度

序号	名称	构造简图	构造层次	保温材料厚度（mm）	
				夏热冬冷地区	夏热冬暖地区
1	非黏土实心砖墙玻化微珠保温砂浆内保温		1—内饰面 2—5mm 厚抗裂砂浆 3—玻化微珠保温浆料 4—界面剂 5—水泥砂浆找平层 6—240mm 厚非黏土实心砖墙 7—外饰面	30 ~ 40	20 ~ 30
2	多孔砖墙玻化微珠保温砂浆内保温		1—内饰面 2—5mm 厚抗裂砂浆 3—玻化微珠保温浆料 4—界面剂 5—水泥砂浆找平层 6—200mm 厚多孔砖 7—外饰面	30 ~ 40	20 ~ 30
3	非黏土实心砖墙胶粉聚苯颗粒内保温		1—内饰面 2—5mm 厚抗裂砂浆 3—胶粉聚苯颗粒 4—界面剂 5—水泥砂浆找平层 6—240mm 厚非黏土实心砖墙 7—外饰面	25 ~ 35	20 ~ 30

续表

序号	名称	构造简图	构造层次	保温材料厚度（mm）	
				夏热冬冷地区	夏热冬暖地区
4	多孔砖墙胶粉聚苯颗粒内保温		1—内饰面 2—5mm 厚抗裂砂浆 3—胶粉聚苯颗粒 4—界面剂 5—水泥砂浆找平层 6—200mm 厚多孔砖 7—外饰面	25 ~ 35	25 ~ 30
5	非黏土实心砖墙石膏复合保温板内保温		1—10mm 厚石膏板 2—挤塑聚苯板 XPS 3—界面剂 4—水泥砂浆找平层 5—240mm 厚非黏土实心砖墙 6—外饰面	20 ~ 30	20 ~ 30
6	多孔砖墙石膏复合保温板内保温		1—10mm 厚石膏板 2—挤塑聚苯板 XPS 3—界面剂 4—水泥砂浆找平层 5—200mm 厚多孔砖 6—外饰面	20 ~ 30	20 ~ 30
7	混凝土空心砌块石膏复合保温板内保温		1—10mm 厚石膏板 2—挤塑聚苯板 XPS 3—界面剂 4—水泥砂浆找平层 5—190mm 厚混凝土空心砌块 6—外饰面	—	25 ~ 30

表 5-6　夏热冬冷和夏热冬暖地区农村居住建筑自保温墙体构造形式和
材料厚度

序号	名称	构造简图	构造层次	保温材料厚度（mm）	
				夏热冬冷地区	夏热冬暖地区
1	非黏土实心砖墙体		1—20mm 厚混合砂浆 2—非黏土实心砖墙 3—外饰面	370	370
2	加气混凝土砌块墙体		1—20mm 厚混合砂浆 2—加气混凝土砌块 3—外饰面	200	200
3	多孔砖墙体		1—20mm 厚混合砂浆 2—多孔砖 3—外饰面	370	240

　　此外，也可采用现代自保温夯土墙，将土与陶粒、陶砂、植物纤维、工业纤维和水泥按照一定的比例加水充分搅拌，倒入夯土墙模板内然后用工具夯实，能够提高墙体的保温性能，增强墙体的强度与整体性，减少墙体的二次施工，降低建筑施工总成本，也在一定程度上克服外墙保温破坏传统生土建筑的风貌、内保温减少室内有效使用面积、夹心保温不利于夯土房屋抗震的缺点。

1. 实砌墙、夯土墙保温隔热技术

提高实砌墙、夯土墙保温隔热性能的技术主要有三种形式：一是外墙外保温，在实砌墙、夯土墙外侧加建保温层；二是外墙内保温，在实砌墙、夯土墙内侧加建保温层；三是夹心保温，在实砌墙、夯土墙的夯筑过程中加保温层。也可采用现代自保温夯土墙，将土与陶粒、陶砂、植物纤维、工业纤维和水泥按照一定的比例加水充分搅拌，倒入夯土墙模板内然后用工具夯实，能够提高墙体的保温性能，增强墙体的强度与整体性，减少墙体的二次施工，降低建筑施工总成本，也在一定程度上克服外墙保温破坏传统生土建筑的风貌、内保温减少室内有效使用面积、夹心保温不利于夯土房屋抗震的缺点。

2. 夯土墙加固技术

现有田园住宅夯土墙体存在着力学性能、耐久性能和干缩特性三个方面缺陷。力学性能缺陷主要表现为抗压强度不高、抗拉强度较差、抗剪强度较弱；耐久性能缺失主要表现为墙顶墙身易受风雨侵蚀而剥落、墙根易遭碱蚀等。因此，需进行加固处理，提升墙体的结构安全性和耐久性。

夯土墙宜使用改性后的夯土材料，再结合现代夯筑技术进行加固。夯土材料改性分为物理改性和化学改性。化学改性是指在混合料中加入添加剂，通过化学反应来提升夯土材料力学和耐久性能的方法。常见的添加剂包括水泥、乳化沥青、石灰、粉煤灰、石膏等化学制品。物理改性指的是在原状土料中加入砂石进行颗粒级配优化，并根据实际情况加入有机物，以提高材料的力学性能和耐久性能，即土砂石级配优化和有机物添加强化两方面。

级配优化包含密实技术和骨架技术。密实技术是通过调整石、砾、砂等不同粒径材料的配比，形成良好的级配比例，使混合料呈最致密的堆积状态；骨架技术是在细粒中添加粗粒料，夯实后粗颗粒被包裹在土体之中，形成以粗粒料为骨架的网状体系，夯土墙受力时能将部分应力传递给骨架受力。有机物添加强化是在混合料中添加抗拉强度较好的麻刀、麻绒、聚丙烯塑料纤维等纤维类材料，一定程度上弥补力学缺陷，同时增强夯土墙表面的抗风雨侵蚀能力。

3. 墙体隔声防水防潮技术

（1）墙体隔声改造技术

在理想状态（墙体无缝隙、无声桥连接）下普通钢筋混凝土和砖墙的平均隔声量能达到 45dB 以上，基本能够满足田园住宅外墙隔声的标准。对于临街型、临铁路沿线型和临学校型的住宅来说，可以选用重质量、高密度的隔声墙体提升低频隔声能力。常用的外墙构造与隔声性能见表 5-7。

表 5-7　外墙构造与隔声性能

墙体名称	构造	墙厚（mm）	计权隔声量 R_w（C,Ctr）（dB）	昼夜噪声是否符合标准允许值
钢筋混凝土		120	47，44	需要增加抹灰层方可满足外墙隔声要求
		150	51，47	满足外墙隔声要求
		200	55，52	满足外墙隔声要求
加气混凝土砌块（390mm×190mm×190mm）		230	48，46	满足外墙隔声要求
轻集料空心砌块（390mm×190mm×190mm）		210	45，44	需加厚抹灰层或空腔填充混凝土方可满足外墙隔声要求
陶粒空心砌块（390mm×190mm×190mm）		220	47，45	满足外墙隔声要求

值得注意的是，应对穿过墙体和楼板的水、暖、电、气等管线的孔洞采取密封隔声措施。若不对这些孔洞进行密封和降噪处理，声音会通过缝隙传递进室内，大大降低墙体和楼板的隔声性能。

（2）墙体防潮改造技术

田园住宅墙体的防水宜采用外饰面材料、防水材料、等压防水层等方式。同时，为了避免雨水积聚产生侵蚀作用，可以通过加设泛水板等措施及时排水。墙体防潮主要有两个来源：一是空气中水蒸气的相对湿度形成的压力差引起气体通过孔隙流动，水蒸气遇冷产生冷凝水；二是室内外温差引起空气密度差导致的空气流动。为了避免因相对湿度引起空气穿透墙体在其内部形成冷凝水，需要在墙体面板铺设防潮层，阻碍含水蒸气的空气进入墙体内部。为了避免因温度引起空气穿透墙体在其内部形成冷凝水，需要在墙体面板铺设隔气层，阻碍含水蒸气的空气进入墙体内部。

5.3.3 屋面建造技术

1. 屋面保温隔热技术

保温改造主要在严寒和寒冷地区，根据屋面热工指标选择不同的保温材料及保温层厚度，屋面改造形式一般为倒置式屋面和正置式屋面；隔热改造主要在夏热冬冷和夏热冬暖地区，采用种植屋面、屋顶绿化、涂刷反射涂料、架空隔热、隔热通风屋面或蓄水蒸发屋面等改造措施。

（1）正置式和倒置式屋面保温技术

正置式屋面和倒置式屋面构造分别如图 5-7 所示，正置式保温屋面由下到上构造依次为：基层、找坡层、保温或隔热层、找平层、防水层、隔离层、保护层，可采用成本较低的珍珠岩、水泥聚苯板、加气混凝土、陶粒混凝土等材料作为保温隔热层。倒置式保温屋面由上到下构造依次为：保护层、隔离层（可选）、保温或隔热层、防水层、找平层、找坡层、基层，保温隔热层必须采用憎水性保温材料，如聚苯乙烯泡沫板、泡沫玻璃、挤塑聚苯乙烯泡沫板等。

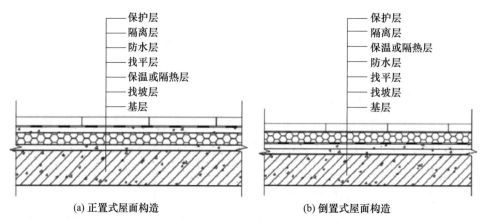

(a) 正置式屋面构造	(b) 倒置式屋面构造
保护层	保护层
隔离层	隔离层
防水层	保温或隔热层
找平层	防水层
保温或隔热层	找平层
找坡层	找坡层
基层	基层

图 5-7　屋面构造

　　严寒和寒冷地区的屋面保温构造形式和保温材料厚度，可按表 5-8 选用，夏热冬冷和夏热冬暖地区的屋面保温构造形式和保温材料厚度，可按表 5-9 选用。

表 5-8　严寒和寒冷地区田园住宅屋面保温构造形式和保温材料厚度

序号	名称	构造简图	构造层次		保温材料厚度（mm）	
					严寒地区	寒冷地区
1	木屋架坡屋面		1—面层（彩钢板／瓦等） 2—防水层 3—望板 4—木屋架层		370	370
			5—保温层	锯末、稻壳	250	200
				EPS 板	110	90
			6—隔气层（塑料薄膜） 7—棚板（木／苇板草板） 8—吊顶		—	

166

续表

序号	名称	构造简图	构造层次		保温材料厚度（mm）	
					严寒地区	寒冷地区
2	钢筋混凝土坡屋面EPS/XPS板外保温		1—保护层 2—防水层 3—找平层		—	
			4—保温层	EPS板	110	90
				XPS板	80	60
			5—隔气层 6—找平层 7—钢筋混凝土屋面板		—	
3	钢筋混凝土平屋面EPS/XPS板外保温		1—保护层 2—防水层 3—找平层 4—找坡层		—	
			5—保温层	EPS板	110	90
				XPS板	80	60
			6—隔气层 7—找平层 8—钢筋混凝土屋面板		—	

表 5-9 夏热冬冷和夏热冬暖地区田园住宅屋面保温构造形式和保温材料厚度

序号	名称	构造简图	构造层次	保温材料厚度（mm）	
				夏热冬冷地区	夏热冬暖地区
1	木屋架坡屋面		1—屋面板或屋面瓦 2—木屋架结构	—	—
			3—保温层　锯末、稻壳	80	80
			EPS 板	60	60
			XPS 板	40	40
			4—棚板 5—吊顶层	—	—
2	钢筋混凝土坡屋面		1—屋面瓦 2—防水层 3—20mm 厚 1：2.5 水泥砂浆找平层	—	—
			4—保温层　憎水珍珠岩板	110	110
			EPS 板	50	50
			XPS 板	35	35
			5—20mm 厚 1：3.0 水泥砂浆 6—钢筋混凝土屋面板	—	—
3	通风隔热屋面		1—40mm 厚钢筋混凝土板 2—180mm 厚通风空气间层 3—防水层 4—20mm 厚 1：2.5 5—水泥砂浆找平层	—	—
			6—保温层　憎水珍珠岩板	60	60
			XPS 板	20	20
			7—20mm 厚 1：3.0 水泥砂浆 8—钢筋混凝土屋面板	—	—

续表

序号	名称	构造简图	构造层次	保温材料厚度（mm）	
				夏热冬冷地区	夏热冬暖地区
4	正铺法钢筋混凝土平屋面		1—饰面层（或覆土层） 2—细石混凝土保护层 3—防水层 4—找坡层	—	—
			5—保温层 　憎水珍珠岩板	80	80
			XPS 板	25	25
			6—20mm 厚 1：3.0 水泥砂浆 7—钢筋混凝土屋面板	—	—
5	倒铺法钢筋混凝土平屋面		1—饰面层（或覆土层） 2—细石混凝土保护层	—	—
			3—保温层	25	25
			4—防水层 5—20mm 厚 1：3.0 水泥砂浆找平层 6—找坡层 7—钢筋混凝土屋面板	—	—

（2）种植屋面隔热技术

种植屋面就是在屋面的防水层上铺设种植土来种植植物，利用种植土隔热以及植物吸收阳光进行光合作用和遮挡阳光的双重作用达到保温隔热的效果。种植屋面基本构造层次是从下至上依次为结构层、保温层、找坡层、找平层、防水层、耐根穿刺防水层、保护层、排（蓄）水层、过滤层、种植土层、植被层，结构示意如图 5-8 所示。

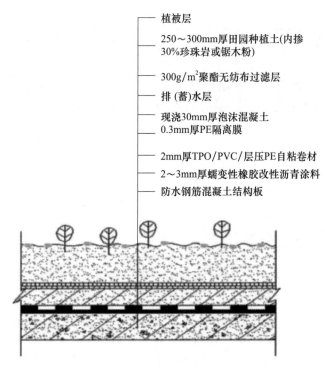

植被层

250～300mm厚田园种植土(内掺 30%珍珠岩或锯木粉)

300g/m²聚酯无纺布过滤层

排（蓄）水层

现浇30mm厚泡沫混凝土

0.3mm厚PE隔离膜

2mm厚TPO/PVC/层压PE自粘卷材

2～3mm厚蠕变性橡胶改性沥青涂料

防水钢筋混凝土结构板

图 5-8　种植屋面结构示意图

（3）蓄水屋面隔热技术

蓄水屋面就是在屋面上建设蓄水池，它是利用水蒸发时带走大量热量以及水的比热容大储存热量，并且当温度低时，会释放热量，维持温度稳定的原理，从而有效地减弱了屋面的传热量和改善屋面温度，具有较好的隔热保温效果，还改善了屋面结构层的使用环境，增加其强度和防渗性能。屋面的蓄水深度一般在 50mm 即可满足理论要求，但实际使用中以 150 ～ 200mm 为适宜深度。为了保证屋面蓄水深度均匀，蓄水屋面的坡度不可以大于 0.5%。

（4）架空屋面隔热技术

架空隔热屋面是将一种薄型制品覆盖在屋面防水层上，并将其架设一定高度形成足够的空间，借助空气的流动加快散热，从而起到隔热作用的屋面。目前，常用的架空隔热屋面有四种，即砖砌支墩大阶砖架空层屋面、混凝土板凳架空层屋面、混凝土半圆拱架空层屋面以及水泥大瓦架空层屋面。

2. 屋面防水防潮技术

屋面防水主要包括柔性防水和刚性防水，柔性防水是由防水卷材、涂料和密封嵌缝材料等延性较大的材料做防水层，主要提供抗渗透性、对基层的附着力、温度稳定性和抗老化能力等；刚性防水采用防水砂浆、抗渗混凝土和预应力钢筋混凝土防水面层等延性较小的材料，主要作用是抗渗性和抗裂性。而现行国家标准《屋面工程技术规范》（GB 50345）中淘汰了刚性防水层。

田园住宅的屋面防水改造要根据建筑的地域环境特点、结构特性、使用需求，选用适当的防水卷材、防水涂料或二者组合的复合防水层。正置式屋面的防水层置于保温层上方，应选用耐老化性能好、具有一定延伸性、耐高温的材料，如 SBS 改性沥青防水卷材。倒置式屋面中的防水层处于保温层下方，受到屋面结构良好的保护，但易因积水导致腐蚀、霉变，维修相对困难，改造中宜采用耐霉变、耐长期水浸、接缝密封保证率高的材料。

此外，田园住宅屋面防水改造中还应做到"防排结合"，避免因屋顶落水口位置、数量、管径不合适，或天沟和檐沟偏窄而排水不及时，防水层长期处于潮湿和干燥交替的工作环境中，材料老化、霉烂、使用寿命缩短，导致屋面渗漏。不同的屋面形式有不同的排水要求，见表 5-10。

表 5-10 田园住宅排水设计

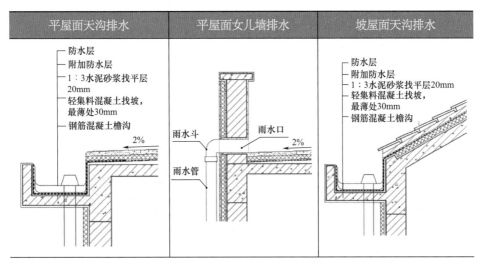

续表

平屋面采用建筑找坡，坡度2%，增设天沟进行排水，能快速有效收集雨水并排出，同时檐沟也具有造型作用	当不能利用天沟排水时，利用女儿墙直接排水，要处理好节点处构造关系，防止出现渗漏	坡屋面增设天沟进行排水能截取大部分的屋面雨水，有效避免雨水对地面和墙体的冲刷
散水	明沟	散水明沟组合

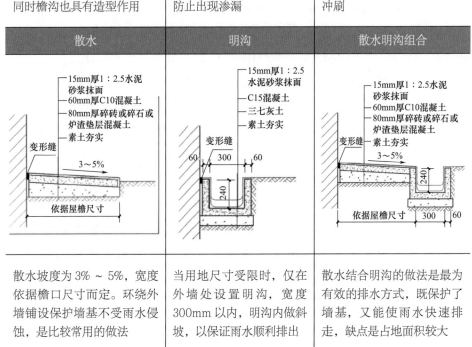

散水坡度为 3% ~ 5%，宽度依据檐口尺寸而定。环绕外墙铺设保护墙基不受雨水侵蚀，是比较常用的做法	当用地尺寸受限时，仅在外墙处设置明沟，宽度300mm 以内，明沟内做斜坡，以保证雨水顺利排出	散水结合明沟的做法是最为有效的排水方式，既保护了墙基，又能使雨水快速排走，缺点是占地面积较大

5.3.4 门窗建造技术

1. 采光通风技术

（1）采光改造技术

充足的天然采光有利于居住者的生理和心理健康，同时也有利于降低人工照明能耗，田园住宅需确保主要功能房间均能满足采光要求，可通过扩大窗的面积进行调整。卧室、起居室（客厅）、厨房应设置外窗，窗地比不应小于1:7。

同时，传统田园住宅室内采光环境的改造，应优先选用本地适宜的传统解决方案，如采光井、老虎窗等。如需改造原有门窗，应充分利用传统材料和工艺，尽量避免采用铝合金窗、钢窗、彩色玻璃等节能效果差且不相协调的构件。

（2）通风改造技术

田园住宅的起居室、卧室等房间宜利用穿堂风增强自然通风（图 5-9）。进风口和出风口宜分别设置在相对的立面上；进风口应大于出风口；开口宽度宜为开间宽度的 1/3 ～ 2/3；开口面积宜为房间地板面积的 15% ～ 25%；门窗、挑檐、通风屋脊、挡风板等构造的设置，应利于导风、排风和调节风向、风速；采用单侧通风时，通风窗所在外墙与夏季主导风向间的夹角宜为 40° ～ 65°。

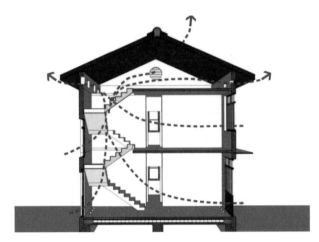

图 5-9　门窗及楼梯间通风

2. 遮阳技术

夏热冬冷、夏热冬暖地区的住宅以及寒冷地区中制冷负荷较大的田园住宅，外窗宜设置遮阳系统。遮阳系统对于建筑节能有着重要作用，设置时需综合考虑当地气候特征、经济技术条件以及不同功能房间对阳光摄取量的需求。从构造形式上，主要分为水平遮阳、垂直遮阳、综合式遮阳、挡板式遮阳和绿化遮阳板等。

水平遮阳能有效遮挡高度角较大的、从窗上方投射下来的阳光，适用于南向窗口和北回归线以南低纬度地区北向窗口的遮阳；垂直遮阳能有效遮挡高度角较大的、从窗侧斜射入室内的阳光，对于从窗上方射入的阳光遮挡效果不好，适合于东北、西北、正北方向的窗口；综合式遮阳综合利用水平和垂直遮阳，能有效遮挡高度角中等、从窗前斜射下来的阳光，遮阳效果比较均匀，适合于东南、西南、正南方向的窗口；挡板式遮阳即在窗前设置平行或垂直于窗口的挡板，也可将挡板与水平遮阳、垂直遮阳、综合遮阳组合在一起形成遮阳系统，能够有效遮挡高度角较小、正射向窗口的阳光，适合东、西向窗口的遮阳；绿化遮阳板是通过让藤蔓植物攀爬窗口上方或侧面的网架形成遮阳系统，夏季枝繁叶茂的绿色植物可以遮挡阳光，冬季叶子凋落可以让阳光充分摄入室内。

此外，外遮阳措施应避免对窗口通风产生不利影响，同时不应影响天然采光、遮挡外窗视线。宜优先选择便于操作和维护的活动外遮阳，固定水平遮阳应满足室内冬季日照要求。外遮阳形式及遮阳系数可按表 5-11 选用。

表 5-11　外遮阳形式及遮阳系数

外遮阳形式	性能特点	外遮阳系数	适用范围
水平式外遮阳		0.85 ~ 0.90	接近南向的外窗
垂直式外遮阳		0.85 ~ 0.90	东北、西北及北向附近的外窗
挡板式外遮阳		0.65 ~ 0.75	东、西向附近的外窗
横百叶挡板式外遮阳		0.35 ~ 0.45	东、西向附近的外窗

外遮阳形式	性能特点	外遮阳系数	适用范围
竖百叶挡板式 外遮阳		0.35 ~ 0.45	东、西向附近的外窗

注：1. 有外遮阳时，遮阳系数为玻璃的遮阳系数与外遮阳的遮阳系数的乘积；

2. 无外遮阳时，遮阳系数为玻璃的遮阳系数。

3. 提高门窗性能

田园住宅应选用保温性能和密闭性能好的门窗，不宜采用推拉窗，外门、外窗的气密性等级不应低于现行国家标准《建筑外门窗气密、水密、抗风压性能检测方法》（GB/T 7106）规定的 4 级。

目前常用的是断桥隔热门窗，采用中空玻璃和隔热断桥铝型材装备，集节能、隔声、防噪、防尘、防水等多功能于一体。冬天隔热断桥隔热门窗能降低室内热量散失，保持室内温度，夏天在使用空调的情况下，能有效减少能量损失；采用中空玻璃结构，能降低声波共振，有效阻止噪声的传播；抗风压变形能力比较强，能实现抗振动性质。同时，断桥隔热门窗的气密性比铝制或塑钢窗要好。

5.3.5 地面建造技术

1. 地面保温技术

与土壤接触的地面不仅会造成大量的热损失，还会发生返潮、结露的现象，在严寒和寒冷地区，对于直接接触土壤的周边地面（从外墙内侧算起 2m 范围之内）应作保温处理，另外对于底层地面之下还有不采暖的地下室以及接触室外空气的地板，也应进行保温处理。

地面保温常见做法有以下几种：地面下铺设碎石、灰土保温层；与装修结合，使用浮石混凝土面层、珍珠岩砂浆面层或使用木地板铺装等；根据地面面层构造，在面层以下设置保温层，由于地面需承受一定荷载，因此保温材料需选用抗压强度较高的产品，如挤塑聚苯板、硬泡聚氨酯等。地面保温构造如图5-10 所示。

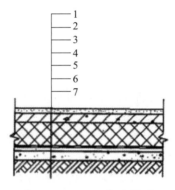

图 5-10　保温地面做法

1—面层；2—细石混凝土保护层；3—保温层；4—防潮层；

5—水泥砂浆找平层；6—垫层；7—素土夯实

2. 地面防潮技术

夏热冬冷和夏热冬暖地区田园住宅地面宜做防潮处理，可以考虑采用防水砂浆、铺设卷材和涂刷防水胶。若室内地面采用混凝土等不透水垫层，防潮层应该设置在室内不透水垫层范围内，并且不低于室外地面 150mm，通常设置在室内标高的负 60mm 处。若室内地面采用炉渣、碎石等透水垫层，防潮层应设置在高于室内地面 60mm 处，以隔绝地面潮气对墙身的侵蚀。两相邻房间存在高差时，应在墙身内根据不同标高设置两道水平防潮层及一道垂直防潮层连接。

外土回填时，应筑一道宽度不小于 500mm 的隔水层（一般用低渗透性回填土，如黏土、灰土等），需分层回填、夯打密实，以减小地表水下渗对地基造成的影响。对外路同地坪的结合处需设置水平防潮层，防止潮气和地下水由毛细作用沿基础和墙身浸入。另外，在地面上应做好房屋四周的散水、勒脚和排水系统。

3. 地面防滑技术

厨房、卫生间以及起居室、卧室等地面和通道需采取一定的防滑措施。对田园住宅室内地面进行装修时，尽量不要选择没有防滑处理的地砖、面砖、石材等，这类材料表面光滑，尤其当表面附着一层水分时居住者稍不注意就会摔倒，危害人身安全。同时为防止居住者在上下楼时滑倒，踏步表面应作防滑处理和耐磨处理。一般是在踏步近踏口处用不同于面层的材料，如水泥、铁屑、金刚砂、金属条、马赛克等做出略高出踏面的防滑条（图 5-11）。

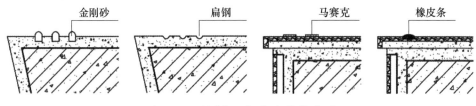

图 5-11　楼梯踏步的防滑构造图

5.3.6 加建扩建技术

1. 加建扩建控制体形系数

体形系数是建筑物与室外大气接触的外表面积与其所包围的体积的比值，与建筑物的节能有直接关系。体形系数越大，散热面积越大，建筑能耗就越高。根据《建筑节能与可再生能源利用通用规范》（GB 55015），严寒地区三层及以下的农村居住建筑体形系数不应超过 0.55，寒冷地区不应超过 0.57。而现有田园住宅一般体形系数较大。对于既有建筑来说体形系数已经确定了，只能通过加建、扩建、附建功能用房等方式对体形系数进行微调，尽量满足节能的需求。

在加建、扩建时，可在住宅的北侧或南侧加建功能性房间来控制体形系数。在北侧加建对热舒适环境要求不高的附属性功能房间，以减少冷风对热舒适环境要求较高房间的影响；在南侧可通过加建阳光间以便在寒冷的冬季为室内提供热量，与此同时又有效地减小了住宅的体形系数。当体形变化较大时，可通过在平面不规整之处加建一些小的功能性房间使既有住宅的体形系数变小；对于一些平屋顶且住宅结构较为稳固的住宅可以根据居住者的需求进行加层建设。一方面扩大了住宅的功能性，另一方面减小了住宅的体形系数，如图 5-12 所示。

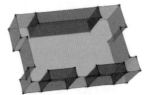

(a) 扩建和加建加大进深　　　　(b) 加建控制体形系数　　　　(c) 加层控制体形系数

图 5-12　体形系数控制

2. 附加式阳光间

田园住宅在安全可靠和经济合理的前提下，可以根据当地条件建造被动式太阳房来改善冬季室内热环境，提升舒适度并节省能耗。在常见的几种形式里，白天使用为主的房间，宜采用直接受益式或附加阳光间式；夜间使用为主的房间，宜采用具有较大蓄热能力的集热蓄热墙式（图 5-13）。

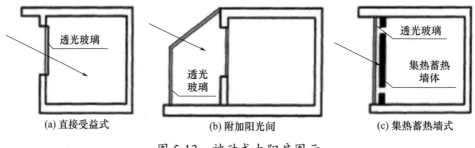

(a) 直接受益式　　　　　　(b) 附加阳光间　　　　　　(c) 集热蓄热墙式

图 5-13　被动式太阳房图示

直接受益式阳光间施工相对比较简单，将普通房屋的南向窗户适当扩大，增加玻璃层数、采用透光率较好的玻璃，保持良好的气密性并配备保温窗帘，墙体采用蓄热性能好、热阻大的重质材料，室内壁面配合一定的深色，这样就可以在阳光充足时吸收储存大量热源并在夜间释放，尽量保持室内温度与白天一致，起到良好的被动式太阳能利用效果。附加阳光间白天自身吸收一部分太阳热辐射并保存下来，另一部分阳光照射到建筑南墙上并被墙体吸收存储下来；夜间关上门窗拉上保温窗帘后，室内温度低于阳光间时，附加阳光间及南墙内的热量通过对流、热传递及辐射的形式传递到室内，使室内温度尽量保持稳定。

集热蓄热墙可以理解为把附加阳光间的进深无限缩小，也是将太阳能通过对流、热辐射等形式传递到室内，通常选择重质石材、混凝土、砖或土坯作为集热蓄热墙体材料，为了更好地吸收储存热量，应将墙体外表面涂成黑色或深色。

在改造过程中，被动式太阳房应尽量朝南向布置，保持适当建筑间距；室内净高不宜低于2.8m，房屋进深不宜超过层高的2倍；出入口采取防冷风侵入的措施；设置防止夏季室内过热的通风窗口和遮阳措施，南向玻璃透光面设夜间保温装置，透光材料应表面平整、厚度均匀。

5.4 设备系统配置技术

5.4.1 给排水系统配置技术

1. 污水处理技术

田园住宅产生的污水分为两种：一种是灰水，指清洗物品和洗漱污水，里面的污染物含量少，通常可简单处理或者直接用于灌溉；另一种是黑水，是指卫生间粪便污水，一般有大量固体污染物或其他难以分离的污染物。因此，在厨房和卫生间内均宜设置相应的排水设施。可通过在室外增设废水集中收集井，用管线连接到厨房和室内卫生间内，收集日常使用中产生的污水。

目前，田园住宅污水收集处理模式主要包括城镇带村收集处理、分散收集处理、单村收集处理和联村收集处理模式。对于地理条件复杂、居民居住形式分散、污水产生量小、污水不易收集的农村地区，管网建设难度较大，适合采用分散污水处理模式，利用中小型污水处理设备。该模式具有施工简单、管理方便、出水水质有保证等特点。

2. 节水技术

田园住宅中应考虑节水器具的利用和节水措施的运用。在住宅用水中，卫浴用水比例约占总生活用水的50%，因此马桶、花洒、水龙头等用水设施应采用节水器具，节约用水。

另外，可采用分质给水达到节水目的。根据用水水质要求设置不同供水管网，一条直饮水系统，一条普通生活用水系统，以及一条用于绿化、环境卫生和冲厕用水的再生水系统。再生水以雨水为主要水源，以淋浴、洗衣、厨房、盥洗等生活排水为补充。消防用水可采用中水或雨水系统，并结合农村的水塘等自然水源。

3. 太阳能热水技术

适合利用太阳能的地区［年日照时数大于1400h，水平面上年太阳辐射照量大于4200MJ/（$m^2 \cdot a$）］宜采用太阳能热水系统。田园住宅可选择家用太阳能热水器或集中式太阳能热水系统，宜按人均日用水量30～60L选取，集中式太阳能热水系统应与住房同步设计、同步施工，尽量实现与建筑一体化。

太阳能热水系统应安全可靠，符合现行国家标准《家用太阳能热水系统技术条件》（GB/T 19141）的有关规定。集热器安装位置应尽量朝南，且在用户可以到达的区域，如屋面、阳台、外墙面、窗户等，便于日常维护。严寒寒冷地区宜选用防冻集热器，如热管式真空管集热器、内插热管的全玻璃真空管集热器等。

5.4.2 暖通系统配置技术

田园住宅的采暖和炊事活动所进行的燃烧是室内空气污染物的主要来源，特别是可吸入颗粒物和挥发性有机物。要控制此类污染应从改善能源的使用情况、改进炉具效率、加快燃烧产物的排出速度等入手。提倡无污染或污染较小的能源使用，如沼气、电等。在厨房和炉灶处加装排风装置，使油烟迅速排出。

1. 采暖配置技术

严寒和寒冷地区田园住宅应根据房间耗热量、供暖需求、居民生活习惯以及当地资源条件进行采暖系统优化改造，既有火炕、火墙、灶连炕、架空炕等节能效率高的传统采暖设施应尽可能予以保留和再利用。面积小的房间宜采用散热性能好的架空炕，面积大的房间宜采用火墙或落地炕。

　　夏热冬冷地区田园住宅宜采用局部供暖设施，如有条件可充分结合太阳能、生物能、地源热泵等清洁能源的利用予以优化改造，形成更高效、清洁的被动式取暖系统。在生物质资源充足的地区，宜采用节能吊炕和小型生物质采暖炉供暖；在太阳能资源较丰富地区，可建设被动式太阳能暖房或太阳能辅助电加热等太阳能利用技术供暖；在地热资源丰富的地区，可采用地源热泵系统供暖或地热直接供暖；寒冷及夏热冬冷地区可采用空气源热泵系统；在靠近已集中供暖的城镇区域，可利用热网供暖；已建设燃气管网的地区，宜采用燃气供暖。

　　（1）火炕、灶连炕供暖系统

　　宜在有供暖需求的房间设置火炕，炕体形式结合房间需热量、布局、居民生活习惯等确定。房间面积较小、耗热量低、生火间歇较短时，宜选用散热性能好的架空炕；房间面积较大、耗热量高、生火间歇较长时，宜选用火墙式火炕、地炕或蓄热能力强的落地炕，辅以其他即热性好的供暖方式。同时，火炕内部构造、烟道、烟囱、燃烧室等应符合现行国家标准《农村居住建筑节能设计标准》（GB/T 50824）中相关规定。

　　（2）地热能供暖系统

　　寒冷地区或夏热冬冷地区田园住宅可采用地源热泵系统进行供暖或地热直接供暖。地源热泵系统的组成有地埋管换热器系统、地表热泵系统、地上建筑空调系统和地下水源或土壤源系统。

　　根据地下换热热源的不同可分为：土壤源热泵系统、地下水源热泵系统和地表水源热泵系统。土壤源热泵系统需要埋入地埋管并加入换热介质，与外部土壤通过管壁进行热量交换，实现夏季向地下放热、冬季从地下取热的目的。根据埋管方式不同，又可分为垂直埋管和水平埋管。水平埋管易于施工，但是深度较浅，容易受到环境温度的影响，且占地面积较大；垂直埋管深度较深，温度更恒定，效果更好，且占地小，因此被更多地使用。地下水源热泵系统通过抽取地下水，从中吸收热量或向其排放热量，然后将其回馈至地面对建筑物室内进行制冷和加热，实现对地下水恒定温度的利用。虽然从流体中吸放热换热效果较好，但由于施工复杂和一些人为原因，地下水回流进地下较少，长期使用会对地下水系统造成损伤，影响效果。地表水源热泵系统将热交换器布置在河流和湖泊中，这些地方水温稳定，可以达到夏季向其排热、冬季从其中吸热的目的。但这种系统需要周围有地表水源，受位置因素影响较大。

采用较大规模的地源热泵系统时，应符合现行国家标准《地源热泵系统工程技术规范》（GB 50366）的相关规定。

（3）重力循环热水供暖系统

田园住宅也可采用重力循环散热器热水供暖系统，管路布置宜采用异程式，并应采取保证各环路水力平衡的措施。单层田园住宅的热水供暖系统宜采用水平双管式，二层及以上田园住宅的热水供暖系统宜采用垂直单管顺流式。系统的设计、安装应符合《农村居住建筑节能设计标准》（GB/T 50824）中相关规定。

2. 空调配置技术

当被动冷却降温方式不能满足田园住宅夏季室内热环境需求时，可采用电风扇或空调降温。目前常见的空调类型有分体式空调、蒸发冷却式、风管式系统、冷／热水机组以及多联型系统等。分体式空调设备宜选用高能效产品，安装时空调室内机应靠近室外机的位置安装，并应减少室内明管的长度；室外机安放搁板时，其位置应有利于空调器夏季排放热量，并应防止对室内产生热污染及噪声污染。此外，夏季室外空气计算湿球温度较低、干球温度日差大且地表水资源相对丰富的地区，夏季宜采用直接蒸发冷却空调方式。

3. 炊事用能技术

田园住宅炊事用能应减少低质燃煤、秸秆、薪柴直接燃烧等传统能源使用，使用适合当地特点和农民需求的清洁能源。具备相应资源条件的村庄，可应用太阳能光热、光伏等技术和产品；建立乡村储气罐站和微管网供气系统生物质资源充足地区，宜采用沼气、生物质天然气或生物质成型燃料，并配合专用炉具使用；家庭养殖户可建设户式小型沼气系统，优先利用沼气作为炊事能源；不具备清洁能源使用条件的村庄，宜采用节柴省煤灶，且热效率应不低于25%。

利用沼气时需确保整套系统的气密性，户用沼气池的设计、施工、验收应符合《户用沼气池设计规范》（GB/T 4750）、《户用沼气池质量检查验收规范》

（GB/T 4751）、《户用沼气池施工操作规程》（GB/T 4752）等现行国家标准的有关规定。选取沼气专用灶具，安装排气扇和可燃气体报警器；沼气热水器应安装在通风良好的房间或过道内，并设置通气口；沼气采暖装置设有熄火保护装置和排烟通道；沼气池做好寒冷季节池体的保温增温措施。秸秆气化供气系统应符合现行行业标准《生物制气化供气系统技术条件及验收规范》（NY/T 443）及《秸秆气化炉质量评价技术规范》（NY/T 1417）的有关规定。以生物质固体成型燃料方式进行生物质能利用时，应根据燃料规格、燃烧方式及用途等，选用合适的生物质固体成型燃炉。

5.4.3 电气系统配置技术

1. 照明配置技术

田园住宅的照明应符合现行国家标准《建筑照明设计标准》（GB/T 50034）中规定的照度、均匀度等要求。当自然采光不能满足室内照度水平时，需要通过增设照明系统来提供与使用功能相适应的照度水平，主要功能房间照度标准可参照表5-12。灯具一般设置在顶棚或墙壁高处，厨房中常设在洗涤池、操作台及灶台的上方。应选用扩散性灯具、节能灯，局部照明宜采用冷光源。开关宜距地面1400mm。

表5-12　田园住宅照明标准值

房间或场所		参考平面及高度	照度标准值（lx）	R_a
起居室	一般活动 书写、阅读	0.75m 水平面	100 300	80
卧室	一般活动 书写、阅读	0.75m 水平面	75 150	80
餐厅		0.75m	150	80
厨房	一般活动 操作台	0.75m 餐桌面 水平面台面	100 150	80
卫生间		0.75m 水平面	100	80

田园住宅每户照明功率密度值不宜大于表 5-13 的规定。当房间的照度值高于或低于表中规定的照度时，其照明功率密度值应按比例提高或折减。

表 5-13　每户照明功率密度值

房间	照明功率密度（W/m²）	对应照度值（lx）
起居室		100
卧室		75
餐厅	7	150
厨房		100
卫生间		100

2. 电气线路安全技术

田园住宅中电气线路的选材、配线应与用电负荷相适应，并符合安全和防火要求。电气应接地，全部线路暗装，室内安装的插座、插排等设备应设有防触碰措施和漏电保护装置，以防止由于漏电引起的触电或电气火灾事故。房间内电源插座数量不应少于表 5-14 中的规定。

表 5-14　电源插座的设置数量

部位	设置数量
卧室、厨房	一个单项三线和一个单项二线的插座组
起居室（客厅）	一个单项三线和一个单项二线的插座三组
卫生间	防溅型一个单项三线和一个单项二线的插座三组
布置洗衣机、冰箱、空调等	专用单相三线的插座各一个

同时，电气线路与设备的安装使用应符合现行国家标准《农村防火规范》（GB 50039）、《民用建筑电气设计标准》（GB 51348）、《住宅建筑电气设计规范》（JGJ 242）等的相关规定。

5.5 传统文脉传承技术

  民居特色方面，各地文脉特色不同，本节仅针对赣豫鄂湘四省情况进行分析。四省位于内陆腹部地区，北部主要受中原文化合院式建筑风格影响，南部主要受徽派天井式民居风格影响，体现了南北交融的特点。区域内还留存有少数民族建筑等具有当地本土特色的民居。总体上四省民居在文脉特征上呈现了相互影响、相互交融的现象，在空间单元、建筑材料等方面具有一定的共性。例如，四省民居的基本形式大多来源于"一明两暗"的空间单元，根据不同的地形地貌和家族构成进行拓展延伸，形成了串联式、并联式、复合式、排屋式、多重组合式等组合形式；根据不同的气候特征进行空间比例的调整，采取了缩小天井、延展屋面、升高山墙、增加夹层等形态做法。建筑材料上基本都采用木构架，围护结构以砖为主，根据地方资源也有采用土坯、夯土、木板、石片、竹编夹壁等方式（表5-15）。

表5-15　四省传统民居特征

地区	河南	江西	湖南	湖北
民居建筑主要类型	合院式 窑房式 天井院式	天井院式 天井式 围屋	合院式 天井院大屋 吊脚楼	天井院式 合院式 吊脚楼
地域影响	主要受中原地区影响，西部受黄土高原影响，南部有南北交融地区特色	东北部受徽派影响，南部、西部受客家文化影响	中原文化和少数民族文化共同影响	主要受江西地区影响，兼有中原地区影响

地区	河南	江西	湖南	湖北
形态构成	硬山顶	硬山顶 封火山墙	悬山顶 硬山顶	硬山顶 封火山墙
	抬梁式＋砖墙承檩 墙承重	穿斗式＋抬梁式 木结构承重	抬梁式＋砖墙承檩 墙承重	穿斗式＋抬梁式 砖墙承檩 墙承重
材料	黄土、木材、 石材、砖	木材、砖、石材、 竹子	黄土、木材、 竹子、砖	木材、砖、石材
典型民居图例				

我们通过梳理传统民居空间布置、形态构成、装饰做法、形态色彩等文脉要素的共性规律，形成四省传统文脉要素清单和四省典型地区特征图谱，给出利用传统建筑特色资源的指导建议。

5.5.1 传统文脉要素清单

传统民居文脉要素清单见表 5-16。

表 5-16　传统民居文脉要素清单

传统要素			适用地区						
			江西		河南		湖南		湖北	
组合			有分布	最典型	有分布	最典型	有分布	最典型	有分布	最典型
空间布置	平面布局	形式	天井式	√	√	√		√	√	√	√
			合院式			√	√			√	
			其他	围屋		窑房		干栏式		干栏式	

续表

传统要素				适用地区							
				江西		河南		湖南		湖北	
空间布置	空间比例	开间	三开间	√	√	√		√		√	
			五开间	√		√		√		√	
		进深	檐廊	√		√	√	√		√	
			无前后廊	√		√		√		√	
		层数 x		1～4	1.5	1；2；3	1	1～3	2	1～3	2
单元				有分布	最典型	有分布	最典型	有分布	最典型	有分布	最典型
屋顶	形态构成		硬山	√	√	√	√	√		√	
			悬山					√			
			歇山					√		√	
			单坡			√					
			平顶			√					
	装饰做法	屋面	筒瓦								
			合瓦	√	√	√	√	√	√	√	√
			仰瓦			√	√				
			灰背（防水）			√					
		屋脊	垂脊			√				√	
			正脊 实脊	√	√	√	√	√	√	√	√
			正脊 花脊			√	√				
		鸱吻/脊饰		√		√	√	√		√	
		檐口		√	√	√		√	√	√	√

续表

传统要素					适用地区							
					江西		河南		湖南		湖北	
屋顶	材质色彩			瓦	√	√	√	√	√	√	√	√
				木	√							
				石	√							
				草	√		√					
墙体	形态构成	工艺类型	砌筑	空斗墙	√	√	√		√	√	√	
				实砌墙	√		√		√		√	
			夯筑		√		√	√				
			编织		√	√						
			其他		木板墙				木板墙	√	木板墙	√
		山墙造型		人字墙	√	√	√	√	√	√	√	√
				鱼背墙	√				√	√	√	
				垛子墙	√	√			√	√	√	
				一字墙	√							
				特殊形							云墙、镶耳墙	√
	装饰做法			墀头	√	√	√	√	√	√	√	√
				山尖			√	√				
				廊墙	√		√					
				墙身（腰线）	√		√		√			
				影壁	√		√		√			
				其他	槽角	√			槽角	√	槽角	√

续表

传统要素			适用地区							
			江西		河南		湖南		湖北	
墙体	材质色彩	砖	√	√	√	√	√	√	√	√
		木	√	√	√		√	√	√	√
		石	√		√	√	√		√	
		土	√		√	√	√			
		竹	√	√						
		抹灰	√	√			√		√	√
构架	形态构成	承重方式 木构架承重	√	√			√		√	
		承重方式 墙体承重	√		√	√	√			
		承重方式 混合承重	√	√	√		√	√	√	√
		形式 抬梁式	√		√	√	√		√	
		形式 混合式	√		√	√	√	√	√	√
		形式 穿斗式	√	√			√		√	
		形式 干栏式					√	√	√	√
	装饰做法	雀替	√	√	√				√	√
		月梁	√	√	√					
		额枋	√	√	√	√	√	√	√	
		柁墩	√				√			
		柱础	√	√	√	√	√		√	√
		柱头	√		√					
		梁头	√		√	√	√		√	

续表

传统要素			适用地区							
			江西		河南		湖南		湖北	
构架	装饰做法	天花	√		√		√		√	
		斗拱	√		√				√	
		其他	板壁	√			栏杆	√	栏杆	√
	材质色彩	木	√	√	√	√	√	√	√	√
大门	形态构成	门罩式	√	√			√		√	
		门斗式	√		√		√	√		√
		门楼式	√		√	√				
		门廊式	√				√			
		墙门	√		√				√	
	装饰做法	门头	√	√	√		√		√	√
		雀替	√	√			√		√	
		门钹	√		√	√	√			
		匾额	√	√	√	√	√	√	√	√
		门枕石	√	√			√		√	
	装饰做法	垂柱	√		√					
		门楣（门槛）	√				√	√	√	√
		门墩			√		√		√	
		其他	门挂				门簪		墀头	

续表

传统要素			适用地区							
			江西		河南		湖南		湖北	
大门	材质色彩	砖	√	√	√	√	√	√	√	√
		木	√	√	√		√	√	√	√
		石	√	√	√	√	√		√	
		彩画	√		√					
门窗	装饰做法	牖窗 隔扇	√	√	√	√	√	√	√	√
		牖窗 洞口	√	√	√		√			
		牖窗 窗头	√							
		槛窗 槛墙	√	√						
		槛窗 窗榥	√	√	√		√	√	√	√
	材质色彩	砖	√		√	√	√		√	
		木	√	√	√	√	√	√	√	√
		竹	√							

5.5.2 典型地区特征图谱

典型地区特征图谱见表 5-17 ~ 表 5-28。

表 5-17　豫北地区传统民居特征图谱

豫北地区传统民居典型特征					
空间布置	合院式、一正一厢 / 两厢、三 / 五开间、一层				
	图例				
传统要素	屋顶	墙体	构架	大门	门窗
形态构成	硬山顶、出檐、合瓦、仰瓦	实砌墙、夯筑人字墙	混合式、抬梁式	屋宇式、门楼式	—
装饰部位	正脊、垂脊	墀头、山尖、墙身	柱础、斗拱	门头	隔扇、窗棂、牖窗
材质色彩	瓦	砖、土、石	木	砖、木	木、砖
图例					

表 5-18 豫中地区传统民居特征图谱

	豫中地区传统民居典型特征				
空间布置	合院式／天井院式、三／五开间、一层／一层半／两层				
图例					
传统要素	屋顶	墙体	构架	大门	门窗
形态构成	硬山顶、出檐、仰瓦	实砌墙、人字墙	混合式、抬梁式混合承重	门楼式、屋宇式	—
装饰部位	正脊、垂脊	墀头、山尖、墙身	柱础、斗拱	门头、雀替、门钉、匾额、门楣	隔扇、槏窗、窗棂、绦环板、窗头
材质色彩	瓦	砖、土	木	砖、木	木、砖
图例					

表 5-19　豫南地区传统民居特征图谱

豫南地区传统民居典型特征

传统要素	空间布置	合院式/天井院式、三开间、檐廊、一层半/两层		
形态构成	屋顶	墙体	构架	大门	门窗
	硬山顶、出檐、合瓦	空斗墙、人字墙、块子墙	穿斗式、混合式混合承重	门楼式、屋宇式	—
装饰部位	正脊、垂脊	墀头	额枋、柱础、枊墩、雀替、梁头	门头、门柱石	隔扇、牖窗、窗棂
材质色彩	青瓦	青砖、土坯	木	木、砖	木
图例					

表 5-20　赣中地区传统民居特征图谱

赣中地区传统民居典型特征

传统要素		屋顶	墙体	构架	大门	门窗
空间布置		天井式、一正两厢、一层半				
图例						
形态构成		硬山顶、出檐、合瓦	空斗墙、竹编夹壁墙、木板墙、人字墙、垛子墙、鱼背青墙、一字墙	穿斗式、混合式木构架承重	门罩式、门斗式、门楼式、门廊式	—
装饰部位		正脊、檐口	墀头、墙身、影壁、槽门角	雀替、月梁、额枋、柱墩、柱础、栏杆、板壁、天花	门头、雀替、门钉、门铰、扁额、门柱石、门挂、猫儿洞	隔扇、牖窗、槛墙、窗棂、绦环板
材质色彩		青瓦	青砖	木	木、石、砖	木、砖
图例						

表 5-21　赣东北地区传统民居特征图谱

赣东北地区传统民居典型特征

空间布置	天井式、三开间、二层				
图例					
传统要素	屋顶	墙体	构架	大门	门窗
形态构成	硬山顶	空斗墙、实砌墙、木板墙裙子墙	穿斗式、混合式木构架承重	门罩式、门斗式、门楼式、门廊式	隔扇、槅窗、槛墙、窗棂、绦环板
装饰部位	正脊、檐口	墀头、墙身、影壁、槽角	雀替、月梁、额枋、柁墩、柱础、栏杆、板壁、天花	门头、雀替、门钉、门钹、匾额、门柱石、门挂、猫儿洞	—
材质色彩	青瓦	白灰	木	木、石、砖	木、砖
图例					

表 5-22　赣南赣西地区传统民居特征图谱

赣南赣西地区传统民居典型特征

空间布置	围屋、二至四层、中轴对称			
图例				
传统要素	屋顶	墙体	构架	大门	门窗
形态构成	硬山顶	实砌墙、夯筑墙、一字墙	混合承重	墙门、门斗式、门楼式、门廊式	—
装饰部位	正脊、檐口	墙身、墀头	柱础、栏杆、板壁	门头、雀替、门钉、门铰、匾额、门柱石	隔扇、槅窗、窗楣、绦环板
材质色彩	青瓦	土、石、砖	木	木、石、砖	木、砖
图例					

表 5-23　湘东地区传统民居特征图谱

湘东地区传统民居典型特征

空间布置	天井院式、一至二层			
图例				
传统要素	屋顶	墙体	构架	大门	门窗
形态构成	硬山顶、单坡、出檐	空斗墙、实砌墙、土坯墙、人字墙、鱼背墙、马头墙	混合式	门廊式、门斗式	—
装饰部位	正脊、檐口	槽角、照壁	栏杆、梁架	雀替、匾额	隔扇、窗棂
材质色彩	青瓦	砖、石、土	木	木、石	木
图例					

表 5-24 湘西地区传统民居特征图谱

湘西地区传统民居典型特征

传统要素	空间布置		
形态构成	二至三层、三或五开间、檐廊		
	屋顶	墙体	构架	大门	门窗
	悬山、歇山	木板墙、石板墙、马头墙	穿斗式、干栏式	门斗式、墙门	—
装饰部位	正脊、垂脊	墙面、照壁	梁架	雀替、门槛、门枕石、门头、匾额	隔扇、窗棂
材质色彩	青瓦	木、砖、土	木	木、石	木
图例					

表 5-25　湘南地区传统民居特征图谱

湘南地区传统民居典型特征					
空间布置	天井院、三或五开间、中轴对称				
图例					
传统要素	屋顶	墙体	构架	大门	门窗
形态构成	硬山、悬山	空斗墙、实砌墙、马头墙、人字墙	抬梁式、硬山搁檩	门斗式、门罩式、门廊式	—
装饰部位	正脊、檐口	墙角、墙身、腰线、墀头、照壁	梁架、柱础、藻井、栏杆、梁枋、雀替	门簪、门头、檐口、门槛、门枕石、门墩	隔扇、槛窗、窗棂
材质色彩	瓦	青砖、红砖、白灰	木	木、石、砖	木
图例					

表 5-26 鄂东地区传统民居特征图谱

鄂东地区传统民居典型特征

空间布置	天井院、大屋、三或五开间、二层				
图例					
传统要素	屋顶	墙体	构架	大门	门窗
形态构成	硬山顶	空斗墙、实砌墙、马头墙、云墙	混合式混合承重	门斗式	—
装饰部位	正脊、垂脊、檐口	槽角、犀头	天花、斗拱、栏杆、雀替、柱础	门头、过梁、匾额、檐口	漏窗、隔扇、窗棂
材质色彩	青瓦	青砖、石、土坯、白灰	木	石	木
图例					

表 5-27 鄂西北、江汉平原地区传统民居特征图谱

鄂西北、江汉平原地区传统民居典型特征

空间布置	合院式、三或五间、檐廊、一至二层				
		图例			
传统要素	屋顶	墙体	构架	大门	门窗
形态构成	硬山顶	空斗墙、实砌墙、马头墙、镂耳墙、云墙	抬梁式、混合式	门楼式、门罩式、门斗式	—
装饰部位	正脊、垂脊、檐口	墀头、槽角	栏板、抱鼓石、柱础、梁枋、雀替	门头、墀头、雀替、门柱石、门帽、匾额	漏窗、隔扇、窗棂
材质色彩	灰瓦	石、砖、木	木	石、木	木
图例					

表 5-28 鄂西南地区传统民居特征图谱

鄂西南地区传统民居典型特征

空间布置	天井院式/干阑式、围廊、二至三层		
			图例

传统要素	屋顶	墙体	构架	大门	门窗
形态构成	硬山、歇山、飞檐翘角	空斗墙、木板墙、马头墙、人字墙	硬山搁檩、穿斗式、抬梁式	墙门	—
装饰部位	正脊、垂脊	槽角	梁	—	隔扇、窗棂
材质色彩	瓦	木板、砖、石	木	木、石、砖	木
图例					

203

5.6 装配式建造技术

《住房和城乡建设部办公厅关于开展农村住房建设试点工作的通知》（建办村〔2019〕11号）要求推广应用农房现代建造方式，启动开展钢结构装配式农房试点和推广工作。为响应国家战略方针，四省均制定了推进钢结构装配式住宅的实施方案：《江西省推进钢结构装配式住宅建设试点工作方案》《河南省钢结构装配式住宅建设试点实施方案》《湖南省推进钢结构装配式住宅建设试点方案》《湖北省人民政府办公厅关于大力发展装配式建筑的实施意见》。实施方案结合乡村振兴和农村危房改造，提出引导广大村民住房采用钢结构体系进行建设，尤其对政府投资或主导的保障性住房、易地扶贫搬迁安置房、农村住房建设试点、农村危房改造、农房抗震试点等住宅项目要求优先采用钢结构；结合乡村振兴战略和美丽乡村建设，鼓励农村危房改造、黄河滩区迁建安置农房、农村住房建设试点等采用钢结构，引导广大农村居民自建住房采用轻型钢框架结构、低层冷弯薄壁钢结构等钢结构体系建设，风景名胜旅游区和少数民族地区要发展现代木结构装配式建筑。

装配式建造技术包含装配整体式混凝土结构、钢框架结构、装配式木结构、装配式内装等技术体系。本书主要是以赣豫鄂湘四省农村建筑为基础，最终使用对象是广大农民，需要充分考虑经济性和地域性问题，选择合理可行的技术体系。通过比较分析，轻钢结构体系、轻木结构体系以及装配式内装是比较适合四省农村地区采用的装配式建造技术。

5.6.1 轻钢结构体系

轻钢结构体系是一种采用钢梁、钢柱作为支撑结构，配以围护结构和设备体系共同组成的结构类型。装配式轻型钢结构住宅建筑是以热轧H型钢、高频焊接H型钢、普通焊接H型钢、冷弯型方钢等构件以及冷弯薄壁轻型构件构成承重钢结构体系，以预制轻质的外墙板、隔墙板、屋面板等构件构成围护体系，主要构件工厂预制，现场装配低多层民用建筑。

用于住宅的轻钢结构体系通常指冷弯薄壁型钢结构或轻钢龙骨体系。冷弯薄壁型钢通常由厚度为 1.0 ~ 2.5mm 的钢板或带钢，经冷加工（冷弯、冷压或冷拔）成型，可用于建造低多层建筑。

台湾建筑师谢英俊先生在乡村建筑中采用了非整体工业化轻钢结构体系。所谓非整体化，即只对结构进行部分的工业化生产，将诸如结构受力、抗震等有关建筑安全性和基本结构性的部分进行工业化生产，其余的部分则交由农户解决。此套结构体系的施工方式与当地传统的穿斗式木构架体系非常相似，因而依旧掌握该构架建造技术的当地农户便可在此基础上根据自己的实际需求进行进一步的建造，实现住户的参与式设计和建造。

对于村民来说，最重要的考虑因素是房子的成本因素，虽然装配式混凝土结构成本低，但是装配式混凝土结构需要高昂的运输成本，加上施工需要进驻大型的吊装设备，对场地有较高的要求，使得其在乡村很难推广。轻钢结构装配式建筑，钢材自重轻、轻度高，相比于混凝土结构可以节省大量的材料；并且钢材可以拆装、可循环，回收率高达 70%；造价成本和运输成本也比较低，在村民接受的范围内。

5.6.2 轻木结构体系

由于木材易于加工，保温隔热性能良好且取材方便，因而我国的传统民居一直以来都以木结构体系为主。华中地区木结构在许多村庄都有不同程度的应用。

但是，这些木结构大多都是采用原木作为建筑材料，取材困难且利用率不高。因而，为了实现木结构体系住宅的推广，应当大力发展轻型木结构体系。轻木结构与传统民居木结构相比有以下区别和优势：（1）轻木结构的木构件断面尺寸较小，且为一定尺寸和模数的规格材；（2）轻木结构采用间距小于600mm 的密墙骨柱作为承重框架，因而结构的超静定次数更多，整体性和稳定性大大增强，抗风抗震性能高；（3）轻木结构的墙体部分采用由墙骨架和内外墙板组成的双层构造体系，在墙体空腔内填充保温隔热防潮材料，以满足节能要求；（4）轻木结构的构造方式相比传统木构民居更为简单，屋架仅由屋脊梁、椽条和顶棚等组成，且构件之间通过金属件和铁钉连接。

轻木结构体系目前的建造成本相对较高，一般在城市中做高端别墅比较多；轻木结构存在防火保温防虫等问题，所以目前国内乡村较少推广轻木结构建筑。但我国建筑风貌多样化、乡土文化、生活习俗各有不同，多地传统民居采用木结构建筑体系，为了延续当地建筑风貌和地方特色，在风景名胜旅游区和少数民族地区可以适当发展现代木结构装配式建筑。

5.6.3 装配式内装技术

SI建筑体系是建筑支撑体和建筑填充体相互分离的建造体系，具有高耐久性、长期适应性以及维护更新便利性等特征。在房屋内部装修中采用SI建筑体系，将装饰面层和结构面层分离，集成的墙体支撑龙骨与主体墙体不发生物理上的交接，确保房屋结构的耐久性和维护更新的灵活性。轻质墙体填充环保隔声材料，增加墙体的隔声性能；同时隔墙可拆卸安装，便于灵活分隔空间。

农房改造中，机电设备改造占有很大的比重。设备与管线安装时应考虑后期更换的便利性，可采用管线与主体结构相分离的安装方式，装配式内装技术在农村有较大的推广意义。装配式内装技术可以减少现场安装工序，利用冗余空间进行设备排布，避免设备外露或对使用空间产生占据，建筑设备管线设置在设备腔中，并由保护性材料进行包裹。运用系统化思路集成设备，使得多种设备集中于设备房或设备腔中，最小化设备空间容量。

相对于传统的建筑卫浴装修工法，集成卫浴、整体卫浴简化了建筑防水与水电安排工序，具有快速安装与减少人工成本的特点。在农宅内装工业化改造中，集成卫浴和整体卫浴被运用到设计中，特别是一些内部空间不足的小型农宅尤为适用。目前集成卫浴、整体卫浴技术已经得到广泛应用，其技术适应性广泛并能作为独立产品进入市场。

参考文献

[1] 陈昊.基于地域文化营造的江西省休闲农业园规划研究：以吉州区现代休闲农业示范园总体规划为例 [D].南昌：江西农业大学，2016.

[2] 朱俊林.基于空间统计的湖北省农业功能分析与分区研究 [D].武汉：华中农业大学，2011.

[3] 解勋，方薇.游客服务中心建筑设计研究 [J].住宅与房地产，2019（02）：258.

[4] 中华人民共和国农业部.连栋温室建设标准：NY/T 2970—2016 [S].北京：中国农业出版社，2016.

[5] 中华人民共和国农业部.种鸡场建设标准.NYJ/T 02-2005 [S].北京：中国农业出版社，2005.

[6] 叶人齐，楼庆西，李秋香.中国古代建筑知识普及与传承系列丛书中国民居五书：赣粤民居 [M].北京：清华大学出版社：2010.

[7] 中华人民共和国住房和城乡建设部.物流建筑设计规范：GB 51157—2016 [S].北京：中国建筑工业出版社，2016.

[8] 柳肃.中国古建筑丛书：湖南古建筑 [M].北京：中国建筑工业出版社：2015.

[9] 何韶瑶.湖南传统民居 [M].北京：中国建筑工业出版社：2017.

[10] 农业部办公厅.关于新型职业农民培育试点工作的指导意见 [EB].中华人民共和国农业部，2013-06-04.

[11] 李慧静.现代农业发展中的职业农民培育研究 [D].哈尔滨：东北林业大学，2015.

[12] 郭晓茹.新型城镇化进程中的新型职业农民培育研究：以漳州市为例 [D].福州：福建农林大学，2015.

[13] 郝天军.新型职业农民培训需求研究：以河南省为例 [D].郑州：河南农业大学，2017.

[14] 颜廷武，张露，张俊飚.对新型职业农民培育的探索与思考：基于武汉市东西湖区的调查 [J].华中农业大学学报（社会科学版），2017（03）：35-41.

[15] 杜家方，邓俊锋，谭金芳."三位一体"的新型职业农民培育模式探索：基于河南农业大学的实践 [J].中国农业教育（双月刊），2016（06）：5.

[16] 中华人民共和国住房和城乡建设部.高等职业学校建设标准.建标197—2019 [S].

北京：中国计划出版社，2019.

［17］ 中华人民共和国住房和城乡建设部．中等职业学校建设标准．建标 192—2018［S］. 北京：中国计划出版社，2018.

［18］ 李振宇，周静敏．不同地域特色的农村住宅规划设计与建设标准研究［M］.北京：中国建筑工业出版社，2013.

［19］ 苏岩芃，靳阳洋．当前农村住宅居住和生产空间的关联模式探讨［J］.中外建筑，2013（08）：63-65.

［20］ 郑颖霞．新农村住宅的空间形态特征分析：以襄阳地区新农村住宅设计为例［D］.太原：山西大学，2013.

［21］ 王晓茹．田园综合体模式及其建设途径初探［D］.西安：西安工业大学，2019.

［22］ 裴予．中小型装配式建筑体系比较研究［D］.长春：吉林建筑大学，2017.

［23］ 牛若茵．豫中传统民居改良技术研究：以河南省传统村落方顶为例［D］.郑州：郑州大学，2017.

［24］ 唐颖．基于"开放建筑"理论的赣中地区农村住宅设计研究［D］.武汉：华中科技大学，2011.

［25］ 伍国正，余翰武，隆万容．传统民居的建造技术：以湖南传统民居建筑为例［J］.华中建筑，2007（11）：126-128.

［26］ 刘伟，徐峰，解明境．适应湖南中北部地区气候的传统民居建筑技术：以岳阳张谷英村古宅为例［J］.华中建筑，2009（03）：172-175.

［27］ 刘政轩．湖南地区农村住宅围护结构调研及保温隔热性能研究［D］.长沙：湖南大学，2015.

［28］ 沈宇驰．内装工业化技术在传统农村住宅改造中的应用：以苏南地区为例［D］.南京：东南大学，2016.

［29］ 贺龙．乡村自主建造模式的现代重构［D］.天津：天津大学，2016.

［30］ 曲晓舟．农宅建设的新模式：以华润希望小镇为例［D］.天津：天津大学，2016.

［31］ 李霞．现代农业示范园区建设初探［J］.规划师，2003（03）：80-82.

［32］ 许芳芳．田园综合体导向下城市近郊型乡村规划探究：以焦作市苏家作乡为例［D］.郑州：河南农业大学，2019.

［33］ 郑媛．基于"气候-地貌"特征的长三角地域性绿色建筑营建策略研究［D］.杭州：浙江大学，2020.

［34］ 高源．西部湿热湿冷地区山地农村民居适宜性生态建筑模式研究［D］.西安：西安建

筑科技大学，2014.

［35］ 唐丽，栾景阳，刘若瀚.河南豫北地区合院式传统民居节能技术初探［J］.建筑科学，
2012（06）：10-13，23.

［36］ 张新潮.河南驻马店地区农村住宅节能技术研究［D］.重庆：重庆大学，2013.

［37］ 徐宗威，刘波，刘虹.不同地域农宅建设基本模式初探［J］.城乡建设，2011（07）：
60-61.

［38］ 史尧露.农民权益保护视角下田园综合体建设研究：以浙江安吉鲁家村为例［D］.苏
州：苏州科技大学，2019.

［39］ 李翔昊.新农村建设的新模式：以华润希望小镇为例［D］.天津：天津大学，2014.

［40］ 解琦，张颀.农业现代化背景下的新农村"宜居性"探讨［J］.西部人居环境学刊：
2015（02）：7-8.

［41］ 王吉隆.社区主导下的新农村建设和乡村旅游开发：以田园综合体开发模式为例
［J］.长沙民政职业技术学院学报，2018（03）：81-85.

［42］ 庞玮，白凯.田园综合体的内涵与建设模式［J］.陕西师范大学学报（自然科学版），
2018（11）：20-27.

［43］ 刘凌云，陶德凯，杨晨.田园综合体规划协同路径研究［J］.规划师，2018（8）：
12-17.

［44］ 中国建筑工业出版社，中国建筑学会.建筑设计资料集［M］.3版.北京：中国建筑
工业出版社.2017.

［45］ 郭婷，杨娜，周海宾，等.西南传统民居性能研究进展与发展建议［J］.木材工业，
2020（05）：48-51.

［46］ 李晓峰，谭刚毅.中国古建筑丛书湖：两湖民居［M］.北京：中国建筑工业出版社，
2009.

［47］ 李晓峰，谭刚毅.中国古建筑丛书湖：湖北古建筑［M］.北京：中国建筑工业出版
社，2015.

［48］ 黄浩.江西民居［M］.北京：中国建筑工业出版社，2008.

［49］ 左满常，渠滔，王放.河南民居［M］.北京：中国建筑工业出版社，2011.

［50］ 中华人民共和国住房和城乡建设部.装配式钢结构住宅建筑技术标准：JGJ/T 469—
2019［S］.北京：中国建筑工业出版社，2019.

［51］ 中华人民共和国住房和城乡建设部.冷弯薄壁型钢多层住宅技术标准：JGJ/T 421—
2018［S］.北京：中国建筑工业出版社，2018.

［52］ 中华人民共和国住房和城乡建设部.农村居住建筑节能设计标准：GB/T 50824—
　　　 2013［S］.北京：中国建筑工业出版社，2013.

［53］ 孙鸣宇.北方农村住宅可再生能源建筑一体化设计方法研究［D］.阜新：辽宁工程技
　　　 术大学，2017.

［54］ 裴野.江汉平原地区新农村住宅精细化设计研究与实践［D］.长春：长春工程学院，
　　　 2019.

［55］ 王桂林.倒置式屋面与正置式屋面的对比及施工技术研究［D］.哈尔滨：哈尔滨工业
　　　 大学，2017.

［56］ 李峻宇.夏热冬冷地区胶合木结构农房墙体构造技术研究：以张渚镇茶亭村木结构农
　　　 房项目为例［D］.郑州：郑州大学，2019.

［57］ 牛童.西北农村地区危房改造建筑保温方案探究［J］.低温建筑技术，2020（09）：
　　　 123-126.

［58］ 周健.现代夯土建筑构造关键技术案例研究［D］.西安：西安建筑科技大学，2019.

［59］ 刘孜业.绿色住宅建筑室内环境减噪隔声技术研究［D］.苏州：苏州科技大学，2021.

［60］ 曾星.湖南地区既有住宅屋面低能耗改造技术研究［D］.长沙：湖南大学，2020.

［61］ 陈宏喜，王文立，唐东生.种植屋面设计施工中若干问题探讨［J］.中国建筑防水，
　　　 2021（10）：53-55.

［62］ 刘以沫.湘中新农村独立式住宅自然通风优化设计研究［D］.长沙：湖南大学，2020.

［63］ 张欣宇.既有村镇住宅功能改善技术指南研究［D］.哈尔滨：哈尔滨工业大学，
　　　 2010.

［64］ 吕环宇.被动式太阳房阳光间对寒地村镇住宅室内热环境影响研究［D］.哈尔滨：哈
　　　 尔滨工业大学，2013.

［65］ 潘明众.集热蓄热墙式被动房热负荷简化计算方法研究［D］.西安：西安建筑科技大
　　　 学，2020.

［66］ 赵高辉.北京市典型农村污水处理技术适用性评估［D］.北京：北京建筑大学，
　　　 2019.

［67］ 蒋寒薇.居室环境中电源插座设计研究［D］.长沙：中南林业科技大学，2015.

［68］ 左常，渠滔.中国民居建筑丛书：河南民居［M］.北京：中国建筑工业出版社：
　　　 2012.

［69］ 张东杰.内蒙古西部农村牧区被动式住宅能耗与热舒适研究［D］.包头：内蒙古科技
　　　 大学，2018.